日本比較内分泌学会編集委員会

高橋明義（委員長）　小林牧人（副委員長）
天野勝文　安東宏徳　海谷啓之　水澤寛太

ホルモンから見た生命現象と進化シリーズ Ⅰ

比較内分泌学入門
－序－

和田　勝 著

裳 華 房

An Introduction to Comparative Endocrinology

by

MASARU WADA

SHOKABO

TOKYO

JCOPY 〈(社)出版者著作権管理機構 委託出版物〉

刊行の趣旨

　現代生物学の進歩は凄まじく早い．20世紀後半からの人口増加以上に，まるで指数関数的に研究が進展しているように感じられる．当然のように知識も膨らみ，分厚い教科書でも古往今来の要点ですら，系統的に生命現象を講じることは困難かもしれない．根底となる分子の構造と挙動に関する情報も膨大な量が絶えず生み出されている．情報の増加はコンピューターの発達と連動しており，生物学に興味を示すわれわれは，その洪水に翻弄されているかのようだ．生体内の情報伝達物質であるホルモンを軸にして，生命現象を進化的視点から研究する比較内分泌学の分野でも，例外ではない．それでも研究者は生き物の魅力に取り憑かれ，解明に立ち向かう．

　情報が溢れかえっていることは，一人の学徒が全体を俯瞰して生命現象（本シリーズの焦点は内分泌現象）を理解することに困難を極めさせるであろう．このような状況にあっても，呆然とするわれわれを尻目に，数多の生き物は躍動している．ある先達はこう話した．「研究を楽しむためには面白い現象を見つけることが大事だ」と．『ホルモンから見た生命現象と進化シリーズ』では，内分泌が関わる面白い生命現象を，進化の視点を交えて，第一線で活躍している研究者が初学者向けに解説する．文字を介して描写されている生き物の姿に面白い現象を発見し，さらに自ら探究の旅に出る意欲を醸しだすことを，シリーズは意図している．

　全7巻のそれぞれに，その内容を象徴する漢字一文字を当てた．『序』『時』『継』『愛』『恒』『巡』『守』は，その巻が包含する内分泌現象を凝集した俯瞰の極致である．想像力を逞しくして，その文字の意味するところを感じながら，創造の世界へと進んで頂きたい．

日本比較内分泌学会　『ホルモンから見た生命現象と進化シリーズ』編集委員会
高橋明義（委員長），小林牧人（副委員長）
天野勝文，安東宏徳，海谷啓之，水澤寛太

はじめに

「ホルモンから見た生命現象と進化シリーズ」の第Ⅰ巻となる本書は，『比較内分泌学入門 — 序 —』とタイトルにあるように，シリーズ全体の入り口となる巻である．

本シリーズのⅡ巻からⅦ巻までは，「内分泌から見た生物はこんなに面白い！」という謳い文句で，比較内分泌学とその関連分野の研究者が，それぞれの専門分野のさまざまな現象を，新しい知見を交えて書き込んだ各章が，「時」「継」「愛」「恒」「巡」「守」というキャッチコピーにまとめられて綺羅星のごとく並んでいる．読者はきっと現象の面白さと，その裏にあるホルモンの働き，さらにその裏にある生物の進化を思い描きながら，ワクワクしながら各巻の各章を読み進めて行くに違いない．

でも，いきなりその世界に飛びこめない人もいるかもしれない．ホルモンって何だっけ，ホルモンはどのように働くのだっけ，とこんな疑問をもつ読者に応えるために書かれたのがこの「序」である．Ⅱ巻以降のワクワクな世界に飛び込むために用意したが，いわゆる教科書風な羅列的な記述を避け，なるべく全体にストーリーをもたせる工夫をして，読み通せるように書いた．

1章では山の裾野を登り始めるように，おなじみの景色であるタンパク質とDNAの関係，それに進化という生物の根源的な現象について述べ，進化を意識してホルモンを考えるという掛け声を手に入れる（"六根清浄お山は天気"みたいなもの）．2章では「オキシトシン」という1つのホルモンを手掛かりに，1章の実践として，その発見の経緯から，ホルモンとしてのさまざまな働き，脊椎動物における進化を考え，オキシトシンはホルモンとしてばかりではなく，神経伝達にもかかわることを述べる．3章ではペプチドホルモン，アミン系ホルモン，ステロイドホルモンの発見の経緯と，これらのホルモンが作用を表すためにはどのような細胞生物学的なメカニズムがあるのかを説き起こす．3章の登り坂を越えると，4章のピークに向かい，ホルモンを進化の観点から眺め直し，ホルモン全体を俯瞰する．ちょっと休ん

はじめに

で，ここからは下りになり，5章では個体発生からホルモンを振り返って眺めてみる．6章ではちょっと景色が変わり，これまで触れなかった無脊椎動物（といっても昆虫が主なのだが）のホルモンをざっと眺める．最後に7章ではもう一度，振り返って歩いてきた山を眺め，ホルモンとは何か，生体の調節機構とその進化とはどのようなものだったかを考える．このような構成になるように書いたつもりだが，うまくいったかしら．

最初に本書の執筆の話をいただいた時，東京農業大学で大学院の講義「比較内分泌学」をずっと実施していたので，それを下敷きにして書けるだろうと軽く考えていた．ところが，この分野全体をカバーするためには，講義よりも視点を広げて書く必要があると思い，間口を広げて書き始めてみると，なんとなくは知っているけれど，正確に理解していないことが多く，新しい原著論文あるいは総説にあたって確認する作業に手間取り，何回も頓挫しながら，山肌を這うように書き進めることになった．奇しくも恩師である小林英司先生が，裳華房から出版している『内分泌現象』を執筆するのを，大学院生としてすぐ近くで見ていたので，書いている間ずっと，『内分泌現象』のことを意識して書いた．小林先生の背中に少しでも近づきたいと思ったからである．執筆の過程を振り返ってみて，とても勉強になったと感じている．

こうしてみてくると，小林先生が種を蒔いた日本比較内分泌学会は順調に成長し，多くの分野で優れた研究成果を上げていることが改めてよくわかった．それらの成果をもっと取り上げるべきだったのだが，紙数の関係で必ずしも網羅できなかった．総説に引用されている原著論文を辿ってほしい．また，もっと形態や組織に触れるべきだったのかもしれないが，その余裕がなかった．比較内分泌学会が出版している『内分泌器官のアトラス』をぜひ参照してほしい．美しいイラストが満載されている．

この巻を読んで，ホルモンについての基礎知識が得られ，生物の進化とホルモンについて理解が広がり，シリーズのⅡ巻からⅦ巻を読み進むための助けになれば望外の喜びである．

2017年3月

和田　勝

目　次

1. 比較内分泌学とはどんな学問か

1.1　比較とはどういうことか 1
1.2　生物の進化 4
1.3　進化の原動力となる突然変異 7
　　1.3.1　細胞の情報（DNA）と機能（タンパク質）の関係 7
　　1.3.2　突然変異は進化の原動力 11
1.4　自然選択が働きかけるもの 15
1.5　進化を意識してホルモンを考える 16

2. オキシトシンを例にして

2.1　オキシトシンで投資が増える？ 19
2.2　オキシトシンの発見 20
2.3　オキシトシンの構造決定 22
2.4　オキシトシンとニューロフィジン，その合成場所 25
2.5　オキシトシンの分泌と作用 28
2.6　オキシトシンとバソプレシン 30
2.7　オキシトシンは信頼ホルモン？ 32
2.8　オキシトシンは脳にも働く 35
2.9　オキシトシンはホルモンか神経伝達物質か 40

3. ホルモンとは何か

3.1　セクレチンの発見とホルモンという用語 46

		3.1.1 セクレチンの発見 46

       3.1.1　セクレチンの発見 46
       3.1.2　動物実験と実験動物という避けられない問題 48
       3.1.3　セクレチンの本体 50
  3.2　アドレナリンの発見 52
  3.3　ホルモンの発見 —性ステロイドホルモンの場合— 55
  3.4　ホルモンの種類 57
  3.5　ホルモンの作用のしくみ —膜タンパク質受容体を介して— 61
       3.5.1　セカンドメッセンジャーは何をするのか — cAMP の場合— 66
       3.5.2　セカンドメッセンジャーは何をするのか — IP_3 の場合— ... 69
  3.6　ホルモンの作用の仕方 —細胞内受容体を介し転写調節因子として— 71
  3.7　膜にあるもう 1 つのホルモン受容体 74
  3.8　ホルモンの分泌調節機構 76

4. 進化の観点（系統発生）からホルモンを俯瞰する

  4.1　脊椎動物におけるオキシトシンとバソプレシンの進化 80
  4.2　魚類のバソトシン，イソトシン 83
       4.2.1　神経伝達物質としてのバソトシンとイソトシン 83
       4.2.2　ホルモンとしてのバソトシンとイソトシン 85
  4.3　陸上への進出とあいまって 87
       4.3.1　無脊椎動物の排出器官 88
       4.3.2　脊椎動物の排出器官，腎臓 90
  4.4　両生類のバソトシンとイソトシン 93
  4.5　爬虫類，鳥類のバソトシンとメソトシン（胎盤をもたない羊膜類）... 94
  4.6　哺乳類のバソプレシンとオキシトシン（胎盤をもつようになった羊膜類） 96
  4.7　受容体 100
  4.8　無脊椎動物の関連ペプチド 102
  4.9　C 末端のアミド化 105
  4.10　RF アミドファミリー（キスペプチンもこの仲間） 106

目 次

    4.10.1　キスペプチンってなに？ 108
    4.10.2　GnIH グループ 113
  4.11　視床下部の下垂体ホルモン放出ホルモン，GnRH 114
  4.12　その他の下垂体ホルモン放出ホルモンと放出抑制ホルモン 119
    4.12.1　TRH 120
    4.12.2　CRH 121
    4.12.3　GHRH 124
    4.12.4　ソマトスタチン 125
    4.12.5　その他の補足 126
  4.13　下垂体主葉ホルモンとその系統発生 127
    4.13.1　POMC ファミリー 129
    4.13.2　成長ホルモン－プロラクチンファミリー― 131
    4.13.3　α 鎖を共通とする糖タンパク質ホルモン 134
  4.14　下垂体主葉ホルモンによって調節されるホルモン 142
    4.14.1　甲状腺からの T_4 と T_3 の分泌 143
    4.14.2　ステロイドホルモンの生合成経路 147

5. 個体発生の視点からホルモンを見直す

  5.1　副腎の発生 154
    5.1.1　皮質と髄質の出自 154
    5.1.2　皮質と髄質のクロストーク 158
    5.1.3　他の動物では？ 159
  5.2　GnRH ニューロンの発生にともなう移動 161
    5.2.1　思春期が来ない，嗅覚がない 161
    5.2.2　GnRH1 ニューロンは神経冠細胞由来 163
  5.3　甲状腺と咽頭弓（鰓性）器官の発生 163
    5.3.1　傍濾胞細胞と副甲状腺の発生 163
    5.3.2　顎から見える脊椎動物の起源 167

5.3.3　カルシウム代謝との関連 169
　5.4　下垂体の発生 176

6. 無脊椎動物（とくに昆虫）のホルモン

　6.1　無脊椎動物について 185
　6.2　節足動物，とくに昆虫のホルモンと脱皮・変態 189
　6.3　昆虫の脱皮・変態とホルモン（古典的スキーム以降） 193
　6.4　PTTH，ILP，JH，エクジソン 196
　　　6.4.1　PTTH とエクジソン 196
　　　6.4.2　幼若ホルモン 198
　　　6.4.3　ILP，IGF 202

7. ホルモンとは何か
　　　―再び信号分子による調節機構の進化を考える―

　7.1　生体を調節する三大システム 209
　7.2　インヒビン，アクチビン 211
　7.3　もう1つの系，発生を加えて眺めてみると 215
　7.4　進化の時間軸 218

略語表 221
索　引 226
謝　辞 236

PDB コード

　分子の立体構造の図の説明の中に，PDB コードを付記している．PDB は Protein Data Bank の略で，タンパク質の三次元構造の座標を蓄積しているデータベースである．それぞれのタンパク質に割り振られている PDB コードを入力すると，ブラウザー上で三次元構造が表示できるプラグインが公開されている．筆者が愛用しているのは Jmol をプラグインとして使う下記のウェブサイトである．

　　http://www.bioinformatics.org/firstglance/fgij/

　パソコンに Java をインストールし，上記のサイトにアクセスし，PDB コードを所定の場所に入力して Submit すると，画面上でそのタンパク質の立体構造を表示することができる．

　なお，本書の図にある立体構造はすべて，PDB コードをもとに筆者がパソコン上で描いたものである．また，タンパク質のデータ，たとえば細胞内の局在などは，可能な限り UniProt（下記のサイト）の記載に準拠した．

　　http://www.uniprot.org/

下垂体の各部の名称

下垂体 (hypophysis, pituitary gland) / 脳下垂体 (hypophysis cerebri)

- 下垂体腺葉 (adenohypophysis)
  （腺下垂体ともいう）
  - 主葉 (pars distalis) ┐
  - 隆起葉 (pars tuberalis) ┤ 前葉 (anterior hypophysis)
  - 中葉 (pars intermedia)
- 下垂体神経葉 (neurohypophysis) / 後葉 (posterior hypophysis)
  （神経下垂体ともいう）

本書では下垂体で統一しているが，前葉や主葉の語は文脈に応じて使っているので，この対応表を参照してほしい．

ホルモン名などの表記に関して

　ホルモン名および学術用語は，『ホルモンハンドブック新訂 eBook 版（日本比較内分泌学会編）』に準拠した．

1. 比較内分泌学とはどんな学問か

　内分泌学は，内分泌現象を対象とする学問分野で，とくにヒトを対象とした分野を指すことが多い．その内分泌（endocrine）という用語は，外分泌（exocrine）に対するもので，後者が唾液や膵液などの消化液のように口腔内や十二指腸内（つまり体の外）に分泌されるのに対して，前者は体の内部，すなわち血液中に分泌されるために，このように呼んでいる．一般的に内分泌される物質をホルモンと呼ぶ．

　内分泌学は，別にヒトだけを対象としているわけではないが，生物一般を対象としている場合は，そのことを明確にするために，比較内分泌学と呼ぶことが多い．それでは，どうして「比較」という言葉が付いたのだろうか．比較内分泌学（comparative endocrinology）とは，どんな学問なのだろうか．

1.1　比較とはどういうことか

　比較内分泌学の「比較」は，英語の「comparative」を訳したものであり，もちろん動詞の「compare」の形容詞形で，日本語訳として「比較（上）の」，「比較による（に基づく）」，「他と比較しての」，「相対的な」などの訳があてられる．しかしながら，生物学で「比較」といえば，単に比べるというのではなく，現在では「進化を根底にすえて生物や生物現象を比べる」といった意味になるだろう．なぜそのような意味になるかは，少し歴史を紐解いてみる必要がある．

　ヒトの病気を治す医術は，記録には残っていないが，おそらくヒトとともに生まれたに違いない．「あそこに生えている植物の葉を傷口に当てると止血効果がある」などといった薬草に関する知識などは，口伝えで広まっていったものと思われる．そういったものをもとにヒトの病に対応する医術が生ま

れた．三大文明の発祥の地であるエジプトやバビロニアには，すでに医術に関する記録が残されている．

　これらの知識はギリシャ文明に受け継がれ，ヒポクラテス（とその弟子たち）によって「ヒポクラテス全集」としてまとめ上げられる．ここには有名な「ヒポクラテスの誓い」が収められており，またここに載せられた「ars longa, vita brevis（人生は短く，術の道は長い（石原隆司訳））」という箴言も有名である．ヒポクラテスは医学の祖とされている．

　ヒポクラテスの医学は，AD129年にローマ帝国時代に小アジア（今のトルコ）のペルガモンの地に生まれたガレノス（英語表記 Galen of Pergamon）によって集大成される．当時，ヒトの解剖は禁じられていたので，ガレノスは代わりにウシやバーバリーマカクなどを解剖して，ヒトの解剖図を作成した．ガレノスの著作は，その後ローマ帝国滅亡後にイスラム世界に移され，11世紀に再びアラビア語からラテン語に訳されて西欧に戻り，それ以降，ルネサンスまで引き継がれていくことになる．その結果，16世紀になっても，大学医学部での解剖の講義は，ガレノスの著作を教授が読み上げ，外科医（というか床屋）が解剖して該当する部分を教授が指し示す，という方式で行われていた（図1.1）．

　そんななか，ベルギー生まれのヴェサリウス（Andreas Vesalius, 1514-1564）は，実際にヒトの解剖を行ってガレノスの解剖図の誤りを指摘し，『ファ

図1.1　16世紀の医学部解剖学の講義風景
　　（William Hogarth, 1751 "Four Stages of Cruelty" より）

ブリカ（De Humani Corporis Fabrica）』と呼ばれる7巻本の人体解剖図譜を出版する[1-1]（図1.2）．彼はガレノスの図のもとになったヒト以外の動物の骨格と実際のヒトの骨格を較べることにより，比較解剖学を実践したことになる[1-2]．

図1.2　Fabricaのヒトの骨格図

こうして権威（と呼ばれるもの）に盲目的に依拠するのではなく，自らの手と目で観察するという視点が生まれた．その後，さまざまな脊椎動物を解剖して，主として骨格を比較することが行われ，その構造の類似点や相違点が明らかになっていく．そのような中で，ジョフロワ・サンティレール（Geoffroy Saint-Hilaire, 1772-1844），キュヴィエ（Cuvier, 1769-1832），ラマルク（Lamarck, 1744-1829），オーウェン（Owen, 1804-1892）の名前を落とすわけにはいかない．

ラマルクは，無脊椎動物を分類し，生物が単純なものから複雑な体制に進化するという概念をもつに至り，用・不用説と呼ばれる考えで説明した．

オーウェンは大英自然史博物館の創設に尽力して初代の館長になったこと，恐竜（dinosaur）という語を作ったことでよく知られているが，魚類から哺乳類までの脊椎動物の現生種と化石種の骨格の膨大な研究を行い，比較解剖学に相似（analogy）と相同（homology）という語を導入した．ダーウィンはビーグル号での航海で持ち帰った標本の鑑定をオーウェンに依頼し，オーウェンは快く引き受ける．そしてダーウィンが南米で採集した大型の哺乳類の化石は，ずっと小型になった現生のナマケモノと関連があり，決してアフリカの大型哺乳類とは関係がないことを教示する．

相同という語は，ヒトの手とウマの前肢のように，共通の祖先に由来する形態を指す言葉として使われ，現在ではさらに，遺伝子の場合にも「ホモロジー検索」というように広く使われている．相同という語を使うのだから，オーウェンも比較解剖学の研究から種は変わりうるものだとは認識していたが，その説明としては神の意志のようなものを考えていたようである．

こうした背景のもと，ダーウィンは種は変わりうること，その説明として，限られた資源量のためにすべての個体が必ずしも繁殖可能になるまで生き残れるわけではないこと，人為選択によって変種を作ることができること，などの観察と実験から，自然選択による種の起源についての考えをまとめていく．しかしながら，友人に考えを書き送ったり，話したりすることはあっても，その考えを公表する勇気はもてなかった．そんな中，ウォーレスから来た手紙に押されるようにして，自然選択による種の起源をリンネ学会でウォーレスとともに公表し（1858），翌年に『種の起源』を刊行した．

ダーウィンはオーウェンにも『種の起源』を献呈したが，皮肉なことにオーウェンは自然選択による進化に対しては決定的に反対の立場を貫くようになる．彼の自然史博物館館長という立場や性格的な問題（根にもつ性格）によるものとも言われている．

いずれにしても，自然選択による種の起源が明確になり，生物の形態や機能を比較するときに，進化の視点が不可欠なことが明らかになる．こうしてマクロの形態を比較する「比較形態学」だけでなく，生体を構成する物質・分子を比較する「比較生化学」，生理現象を比較する「比較生理学」など，「比較」の付く学問分野が生まれ，形態だけでなく機能や代謝，それを裏打ちする分子までもが「比較」の対象となっていった．「比較内分泌学」も，これらの流れをくむ学問分野の一つである．

1.2　生物の進化

20世紀になってダーウィンの進化論がメンデルの遺伝の法則と出会い，やがて20世紀の半ばに遺伝子の実体が明らかになった．遺伝子DNAの塩基配列がタンパク質のアミノ酸配列をコードしていて，突然変異によって塩基配列が変化するとタンパク質のアミノ酸配列も変わり，その結果，タンパク質の機能に影響が生じる可能性が生まれる，ということが明らかになる．このタンパク質の変異が形質に反映し，その個体の生存と繁殖に影響を与える．こうした変異をもった個体のうち，自然選択によって生き残ったものが，現在の地球上に生存している，というのが生物の進化の概要である．

ダーウィンは『種の起源』の中で，自然選択の重要性について述べるに際して，真っ先に家畜化の過程における変異について述べ，ハトの品種にみられる形態の変異について述べ，人為選択によって人が意図的に形質を選択した結果，このような変異が固定されたと述べている．その後でおもむろに，人為選択と自然選択の違いについて，4章として「自然選択」を置いて，5番目のパラグラフで次のように述べている．拙訳で掲載する（原文にはない改行を適宜入れてある）．

「人でさえ，意図的でなくても選抜という方法を継続すれば，望むように品種を改良することができ，実際にそうしてきたのだから，自然がそうしたことをできないはずがない．ただ両者で異なるのは，人為選択は外面の目に見える形質だけを対象とするのに対して，自然選択では，外見がその生き物にとって有用である場合は別だが，そうでなければ外見には頓着しないし，外からは見えない体の中の器官，目にはつかない体質の違い，生きるためのすべてのしくみに働きかけることができる点である．

人為選択では家畜のように自分が管理している生き物だけを対象とするが，自然選択は自然の中に生きているすべての生きものが対象となる．

自然選択では，形質は徹底的に選び抜かれ，その結果，生き物は生きるのに最適な環境に置かれることになる．ところが，人為選択では，もともと様々な気候のもとにいた生き物を一様な環境で飼育するし，対象とする形質を特異的で最適な方法で選んだりはしない．たとえば，嘴（くちばし）が長かろうが短かろうが，ハトは同じ種類のエサで飼育され，足が長い，あるいは胴が長い四肢動物もそれぞれにあったやりかたで選抜されることはない．毛の長いヒツジも短いヒツジも同じ気候で飼育する．

人為選択では，最も精力的な雄が雌を獲得するように仕向けることはしないし，劣位の個体を取り除くこともしない．自分の所有物であればむしろ，四季の環境の変化に応じて，できる限り保護しようとする．

人為選択はなかば奇形の，あるいは少なくともヒトの目によって気が付くほど明らかな形態の違い，あるいは単純に人の役に立つ形質が選抜の対象になることが多いが，自然環境下では，ほんのわずかな形態や性質の違いによ

り生存競争における微妙なバランスがほんのちょっと有利に傾き，それが保存されることがある．ヒトの望みや努力はなんと無力なことか，人の利用できる時間のなんと短いことか，そして努力の結果，改良された家畜や栽培植物は，自然が地質学的な長い時間の中で生み出したものと比べて，なんとわずかな差でしかないことかと思う．自然選択によって生まれた生き物のもつ形質は，人為選択によるものに比べてずっと「本物」に近く，どんなに複雑な環境でも驚くほどよく適応し，自然のもつ極上の技量の痕跡を明瞭に備えていることに，驚きを隠せないのだ．」[1-3)]

少し引用が長くなったが，ダーウィンは人為選択と自然選択の違いを並べ，いかに自然選択が優れているかを繰り返し述べている（**図 1.3**）．ここで注目したいのは，ダーウィンは形質として，形態だけでなく機能も自然選択の対象となることを認識していることである．原文では自然選択が働きかけるのは on the whole machinery of life とあるが，これは明らかに生理学的な機能を指しているだろう．

生物は「どんなに複雑な環境でも驚くほどよく適応し」て，地球上に多様な形や機能をもって棲息している．進化の結果だけを見ると，生物はあらゆる環境にうまく適応しているように見える．もちろん，これは生物側の意思

図 1.3　人為選択と自然選択
カワラバトから人為選択によって，多数のファンシーピジョンが作出された（左）．鳥類は，獣脚類恐竜（therapod）から，自然選択によって進化した（右）．

とは何の関係もなく，結果的にそうなっただけである．表現型として目に見える形質や行動のバリエーションは，ときに想像を絶するようなものもあるが，それはその生物が，その環境に生き残るためには必要なものだったのである．

1.3　進化の原動力となる突然変異

「情報」と「機能」という言葉で生物を眺めた時，生物の「情報」に該当するものは，細胞のレベルでは遺伝子DNAであり，「機能」に該当するものはタンパク質分子である．生物には階層性があり，これらの細胞が組み合わさって組織が形成され，組織が組み合わさって器官が形成され，さらに器官が器官系をつくり，器官系の組み合わせで個体がつくられる．個体のレベルになると，「情報」と「機能」の新しい関係が構築される．個体のレベルでは，情報は神経系や内分泌系が担い，機能はその他の組織，器官，器官系が担うようになる．組織，器官，個体のレベルでは，機能はタンパク質分子とその組み合わせによって実現されるので，個体レベルの情報は，細胞レベルでの情報によって裏打ちされた二重構造になる．

1.3.1　細胞の情報（DNA）と機能（タンパク質）の関係

それでは，DNAの情報とはどんなものなのか，そしてその情報が形質とどのように関係するかを説明するために，DNAとタンパク質の関係を簡単に述べる．

DNA（deoxyribonucleic acid）は核酸の一種で，五炭糖であるデオキシリボース（以下，単に糖と略記），リン酸，4種類の塩基（ACGT）からなる生体高分子である．DNA分子は，リン酸が糖の$5'$に結合し，次のリン酸は$3'$に結合し，というように，$5'$から$3'$方向にリン酸が糖を橋渡ししながら次々と糖をつなぎ合わせ，その糖に4種のうちのいずれかの塩基が結合した長い鎖と，もう一本の同様の鎖（ただし$5'$から$3'$の向きは逆）が向かい合わせになり，塩基のうちAとT，CとGの間に水素結合がつくられて寄り添い，ラセン構造を取った構造となっている(図1.4)．Aは必ずTと，Cは必ずGと，

1章　比較内分泌学とはどんな学問か

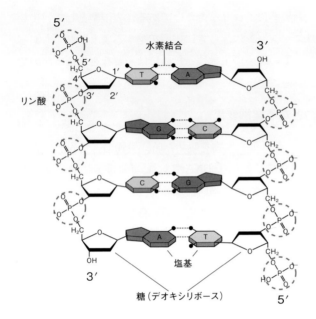

図 1.4　DNA 分子の構造を示す模式図
二本の鎖は逆向きである（antiparallel）．

それぞれ二本と三本の水素結合で結合し，これ以外の組み合わせはとらない．このような関係を相補性（complementarity）と呼んでいる．

　糖とリン酸でつくられる二本の鎖が梯子の2本の枠に当たり，向かい合った塩基が水素結合によってつくる構造は梯子の足場（踏み段）に当たると考えるとわかりやすい．実際のDNA分子は，この梯子を捩ったものになる．

　糖とリン酸でつくる枠は共通した同じ構造なので，向かい合った塩基部分だけが異なることになり，ここに遺伝情報が隠されている．今，この部分だけを書くと，図 1.5 のようになる．

```
5' ACGTACGTCGTAGCATTTACCGCGTACGTAGCGCTTAAGC 3'  コード鎖
3' TGCATGCAGCATCGTAAATGGCGCATGCATCGCGAATTCG 5'  鋳型鎖
```

図 1.5　DNA 分子の塩基部分
　　　AとTの間とCとGの間の，それぞれ二本と三本の
　　　水素結合は省略してある．

この4種の塩基の3つの組み合わせがアミノ酸を指定していること（コードしているということが多い）が明らかになり，4つのうちの3つの64通りの組み合わせが，20種類のアミノ酸をコードしていることが実験的に示された．この3つの塩基の並びのことをコドンと呼んでいる．図1.6にコドンとアミノ酸の対応表を載せておく．

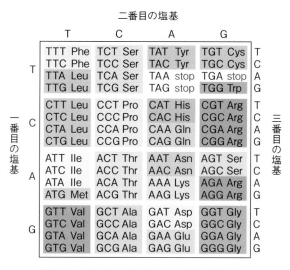

図 1.6　DNA のコドンとアミノ酸の対応表

タンパク質は，図1.5のように並んだ塩基の配列の一方（5′→3′）をプロモーターを手掛かりにmRNAにコピーし（転写），サイトソル（細胞質基質）のリボソーム上で3つずつ区切ったコドンに対応するアミノ酸に置き換えてつくられる（翻訳）．図1.5では，プロモーターが図の左側にあるとすると上側の塩基の並びがアミノ酸に置き換えられるので，こちらの鎖をコード鎖（sense strand），下側の鎖は鋳型鎖（anti-sense strand）と呼ぶ．

図1.6から明らかなように，多くのアミノ酸は2つから6つのコドンによって指定されている．コドンとアミノ酸の対応が1：1のものはトリプトファン（Trp）とメチオニン（Met）だけである．メチオニンをコードするATGは，開始コドンとしても使用される．またstopは終止コドンを意味する．

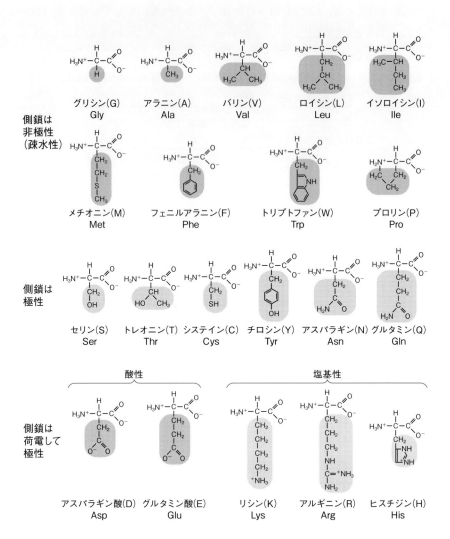

図 1.7 20 種類のアミノ酸の名前と略記表
以下，本書ではアミノ酸をあらわすときは，この一文字あるいは三文字の表記を使うことにする．アミノ酸とその略記号については，巻末（225 ページ）も参照のこと．

図 1.6 を読み解けばわかるように，塩基が変わればコードするアミノ酸が変わってしまうことがある．たとえば TTT と TTC はフェニルアラニン（Phe）をコードしているが，三番目の塩基 T あるいは C が，A あるいは G に代わると，フェニルアラニンとは異なるアミノ酸であるロイシン（Leu）になってしまう．このように塩基が一つ変わったことにより，コードするアミノ酸が変わってしまうことを，一塩基置換によるミスセンス突然変異と呼ぶ．ちなみに，三番目の塩基が変わってもコードするアミノ酸が変わらない場合が多くあり，このような突然変異は，サイレント突然変異という．

DNA に書き記されている遺伝情報は，塩基の連続した文字列に記されているので，塩基が 1 個失われたり，1 個付け加わったりすると，3 塩基ずつの読み取り枠がずれてしまう．このような変化を，一塩基欠失あるいは挿入によるフレームシフト突然変異と呼ぶ．

チロシンをコードする TAC が TAA に代わってしまうと，TAA は終止コドンなので，そこで翻訳が止まってしまう．このような突然変異をナンセンス突然変異と呼ぶ．ナンセンス突然変異のために，本来よりも短いタンパク質ができてしまい，機能を失う．コドンで指定される 20 種類のアミノ酸を図 1.7 に載せておく．

1.3.2 突然変異は進化の原動力

ダーウィンはもちろん知らなかったが，進化の原動力となるのは，上に述べたような突然変異である．突然変異は，細胞の情報源である遺伝子 DNA で起こることであるが，それが「ほんのわずかな形態や性質の違いに」反映されて「生存競争における微妙なバランスがほんのちょっと有利に傾き，それが保存されることがあり」，そのことにより進化が起こったのである．

ところで現在では，「進化」という言葉が，DNA の塩基の配列の変化（分子進化）（原動力となる原因）から，その結果，生じた変異が集団内に固定されていく過程，および最終的に個体レベルで生じる種分化（結果），さらにもっと大きな大進化までをカバーするようになり，「進化」という用語を，どのレベルで使っているのか注意しないと，誤解を招くことがままある．分

1章　比較内分泌学とはどんな学問か

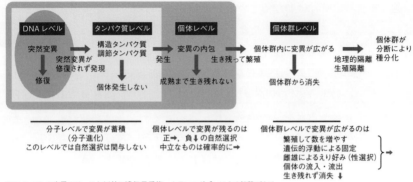

図 1.8　DNA の突然変異から新たな種が生まれるまでの概念図

子進化（原因）と，表現型や行動のような形質のレベルで見えるようになる生物の進化（結果）は厳密に区別して，両者の関係・違いを正しく認識して議論する必要がある（図1.8）．

　それはともかく，メンデルはエンドウの遺伝の実験を行うにあたり，7つの形質を選んだ．最近の分子生物学の発展により，これまでにそのうち4つの形質で対応する遺伝子が明らかになっている[1-4]．いずれも単一の遺伝子によって生じる形質の変異であるが，単純な一塩基置換ばかりではない．ここでは最初に明らかになった「丸い（R）」か「しわがある（r）」という，乾燥した「豆の形」を取り上げてみよう．

　丸い種子としわのある種子を比べると，しわのある種子の方が糖の量が多く，丸い種子よりも甘いことがわかった．そのため，品種としてはしわのある方が好まれて維持されてきたのであろう．この遺伝子は，おそらくデンプン代謝の過程のどこかに関与しているのだろうというところまでわかってきた．こうした背景のもと，バタチャリヤ（Bhattacharyya）らの研究[1-5]によって，この遺伝子の詳細が明らかになる．この遺伝子は，デンプンの $\alpha 1,4$ 結合を切断して短い鎖を切り出し，この断片を別な鎖に $\alpha 1,6$ 結合によってつないで枝分かれをつくる酵素タンパク質（SBEI）をコードしていたのである．

　彼らはまず SBEI タンパク質を精製して抗体を作製し，この抗体を使って

SBEI が RR の胚には発現しているが，rr では発現していないことを確認する．ついで，この遺伝子のプローブを得るために，胚から全 RNA を抽出し，oligo（dT）セルロースカラムを通して mRNA を分離して cDNA を作製，λgt11 ベクターを用いて cDNA ライブラリーを作製した．上で述べた抗体を使ってライブラリーの中から SBEI を発現するプラークを選び出し，そのうちの 1 つを使ってノーザンブロット法で胚から抽出した全 RNA を調べたところ，RR の方はおよそ 3.3 kb，rr の方はおよそ 4.1 kb で，rr の方が長かったが，発現量は 10 分の 1 だった．

長いことが劣性になった理由であろうと考え，なぜ長くなって機能を失ったかを調べたところ，rr のコーディング領域に 800 bp の挿入が見つかり，両側に 12bp の逆向き反復配列があることから，トランスポゾンによるものと判明した．逆向き反復配列は，トウモロコシの Ac/Ds など，他の植物のトランスポゾンとの相同性が高かった．

彼らは，800 bp の挿入によって，C 末端側の 61 アミノ酸が欠失しているのだろうと推測している．このため，酵素活性が著しく低下して，枝分かれ酵素として機能しなくなる．胚の発生過程でこうしたことが起こると，デンプンの組成（直鎖のアミロースと枝分かれのアミロペクチンの比率）が変わるとともに，使われなかった原料がショ糖として葉緑体内にたまって浸透圧を上げ，その結果，吸水して種子の体積が大きくなる．収穫して乾燥するにつれて，この水分が失われて，しわが寄ると考えられる．しかしショ糖のために豆は甘くなる．

枝分かれ酵素Ⅰ（SBEI）のアミノ酸配列は明らかになっている（図 1.9）．豆にしわがあるという劣性形質の遺伝子は，こうしてデンプン産生にかかわる酵素であることが明らかになった．劣性となったのは，塩基の置換や欠失によるアミノ酸の変更ではなく，トランスポゾンによる挿入の結果である．個体群のもつ遺伝的な変異は，このような方法でも大きくなる．

トランスポゾンによる遺伝子の移動は，トウモロコシやアサガオのような植物に特有かというと，そんなことはない．ヒトでもトランスポゾン（とレトロトランスポゾン）の痕跡が多数あることがわかっている．また，進化の

1章 比較内分泌学とはどんな学問か

```
MVYTISGIRF PVLPSLHKST LRCDRRASSH SFFLKNNSSS FSRTSLYAKF  50
SRDSETKSST IAESDKVLIP EDQDNSVSLA DQLENPDITS EDAQNLEDLT 100
MKDGNKYNID ESTSSYREVG DEKGSVTSSS LVDVNTDTQA KKTSVHSDKK 150
VKVDKPKIIP PPGTGQKIYE IDPLLQAHRQ HLDFRYGQYK RIREEIDKYE 200
GGLDAFSRGY EKFGFTRSAT GITYREWAPG AKSAALVGDF NNWNPNADVM 250
TKDAFGVWEI FLPNNADGSP PIPHGSRVKI HMDTPSGIKD SIPAWIKFSV 300
QAPGEIPYNG IYYDPPEEEK YVFKHPQPKR PQSIRIYESH IGMSSPEPKI 350
NTYANFRDDV LPRIKKLGYN AVQIMAIQEH SYYASFGYHV TNFFAPSSRF 400
GTPEDLKSLI DRAHELGLLV LMDIVHSHSS NNTLDGLNMF DGTDGHYFHP 450
GSRGYHWMWD SRLFNYGSWE VLRYLLSNAR WWLDEYKFDG FRFDGVTSMM 500
YTHHGLQVSF TGNYSEYFGL ATDVEAVVYM MLVNDLIHGL FPEAVSIGED 550
VSGMPTFCLP TQDGGIGFNY RLHMAVADKW IELLKKQDED WRMGDIVHTL 600
TNRRWLEKCV VYAESHDQAL VGDKTLAFWL MDKDMYDFMA LDRPSTPLID 650
RGIALHKMIR LITMGLGGEG YLNFMGNEFG HPEWIDFPRG EQHLPNGKIV 700
PGNNNSYDKC RRRFDLGDAD YLRYHGMQEF DRAMQHLEER YGFMTSEHQY 750
ISRKNEGDRV IIFERDNLVF VFNFHWTNSY SDYKVGCLKP GKYKIVLDSD 800
DTLFGGFNRL NHTAEYFTSE GWYDDRPRSF LVYAPSRTAV VYALADGVES 850
EPIELSDGVE SEPIELSVGV ESEPIELSVE EAESEPIERS VEEVESETTQ 900
QSVEVESETT QQSVEVESET TQ 922
```

図1.9 SBEIの一次構造
先頭の下線部47アミノ酸配列は，葉緑体への局在化シグナル（トランジットペプチド）．白抜き文字の494Dと549Eは活性中心を構成するアミノ酸．C末端の61アミノ酸（二重下線部分）はrrで欠失していると考えられる配列．

節目に，このような遺伝子の移動が，大きな役割を果たしてきたと推察されている（たとえば胎盤の獲得[1-6]）．

上にあげた例のように，遺伝子に異常を引き起こして好ましくない結果をもたらすことがあるが，生物はトランスポゾンのこのような自由気ままなふるまいを抑制するための機構を進化させてきたと考えられている．たとえばDNAのメチル化によってトランスポゾンが潜り込む「隙」をなくすような進化である．エピジェネティックな調節機構も，トランスポゾンの抑制のために進化した機構だという説もある．

一方，脊椎動物の免疫系の機能にとって重要な抗体の多様性が生じるために，VとC領域のつなぎ替えが起こるが，これはトランスポゾンと関係があると考えられている．このように生物がトランスポゾンをうまく使いこな

している例もある．

　個体群の遺伝情報の多様化のもう1つの原動力に，遺伝子重複がある．トランスポゾンによっても遺伝子の重複が起こるが，減数分裂時の遺伝子組換えのミスによっても，遺伝子の重複が起こる．さらにもっと大きな単位，染色体が丸ごと重複することもあり得る．植物の倍数体はその例である．

　脊椎動物の進化の過程でも，2回の全ゲノム重複（WGD）が起こったという仮説が提唱され[1-7, 1-8]，それが正しいという証拠が多く集まってきている．多くの種のゲノムの構造が明らかになりつつあるので，今後さらに詳細な進化の過程が明らかになるであろう．

1.4　自然選択が働きかけるもの

　進化という現象が起こるためには，個体が繁殖可能になるまで生き残り，相手を見つけて子孫を残し，遺伝子を次の世代に伝えることが必須である．これまで述べてきた個体の中に生じた突然変異が，次の代に残って個体群に広がるかどうかは，自然選択と遺伝的浮動によって規定される．

　いま，篩（ふるい）を使って粒子の径が異なる砂粒を分けることを考えてみよう．最初に篩の中にどさっと砂粒を入れるが，篩の中に残るのは，ちょうど一層に並ぶだけの量だとする．資源量（篩の大きさ）が，すべての砂粒を残すほどはないためである．砂粒の径は遺伝的な多様性をあらわすとすると，ふるっている間に径が小さすぎる砂粒は篩の目を通って下へ落ちてしまう．これは負の自然選択である．径が大きいと，いくらふるっても下に落ちずに篩の中に残る．正の自然選択である．径が篩の目とほぼ同じだと，篩をふるっても落ちないものと落ちてしまうものが確率的に生じるだろう．遺伝的浮動である．こうして有利な突然変異をもった砂粒と，有利でも不利でもない，中立の突然変異をもった砂粒が，篩の中に残ることになる．砂粒は無機物なので，次世代をつくることができないが，砂粒が増殖できたとすると，同じように篩をかけていけば，しだいに篩の目の大きさ以上にそろった砂粒が大多数を占めることになる．

　篩の例は単純化しすぎているが，ある大きさの篩の目を使って篩にかける

ことは，生物が環境の淘汰圧を受けることに該当する．こうして個体群の中で環境に適応したものが生き延びて新しい種をつくることになる．

自然選択の篩にかけられるのは，なにも形態だけではない．ダーウィンが指摘しているように，行動，生理学的な機能も篩にかけられる．こうして，動物の生理的な機構も行動も，進化によって変容していく．

1.5　進化を意識してホルモンを考える

したがって，こうして生まれた地球上の生きものには，「自然のもつ極上の技量の痕跡を明瞭に備えている」ことになる．この痕跡は形態ばかりでなく，機能を担うタンパク質分子とその設計図であるDNAにも，色濃く残っているはずである．

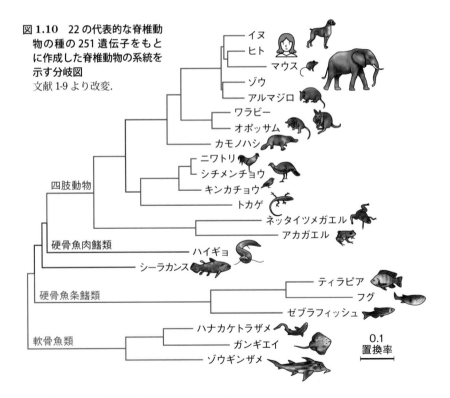

図 1.10　22の代表的な脊椎動物の種の251遺伝子をもとに作成した脊椎動物の系統を示す分岐図
文献 1-9 より改変．

1.5 進化を意識してホルモンを考える

こうしたことを念頭に置きながら，次章ではオキシトシン（oxytocin）という具体的なホルモンを例にして，ここで述べたことを検証していこう．

今後の参考のために，22の代表的な脊椎動物の種の251遺伝子をもとに作成した系統樹（分岐図）（**図1.10**）と地質年代の**図1.11**を載せておく．

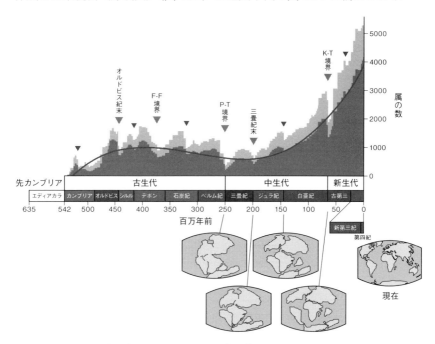

図 1.11　地質時代と海洋生物の属の数の変化
灰色はSepkowskiのカタログによる全数で，濃い灰色は特殊なものを除いた数．曲線は長期的な傾向を示す．大きな▽は五大絶滅を示し，小さな▽はその他の絶滅を示す．F-F境界はデボン紀後期大絶滅，P-T境界はペルム紀末大絶滅，K-T境界は白亜紀末大絶滅．

1章 引用文献

1-1) 以下のサイトで1543年版のファブリカを読むことができる（ラテン語）

http://www.e-rara.ch/bau_1/content/titleinfo/6299027

上のサムネイル版（下記）の方が全体を見渡せる

http://www.e-rara.ch/bau_1/content/thumbview/6299038

1章　比較内分泌学とはどんな学問か

1-2) Comparative Anatomy: Andreas Vesalius

http://evolution.berkeley.edu/evolibrary/article/history_02

1-3) Project Gutenberg のダーウィン著『種の起源』第一版より

http://www.gutenberg.org/ebooks/1228

1-4) Reid, J. B., Ross, J. J. (2011) Genetics, **189**: 3-10.

1-5) Bhattacharyya, M. *et al.* (1990) Cell, **60**: 115-122.

1-6) Ono, R. *et al.* (2006) Nature Genetics, **38**: 101-106.

1-7) Ohno, S. (1970) "Evolution by Gene Duplication" Springer-Verlag, New York.　邦訳　オオノ, S.（山岸秀夫・梁 永弘 訳）(1977)『遺伝子重複による進化』岩波書店.

1-8) Holland, P. W. *et al.* (1994) Dev. Suppl., 125-133.

1-9) Amemiya, C. T. *et al.* (2013) Nature, **496**: 311-316.

2. オキシトシンを例にして

　ホルモンについて学ぼうとすると，実にさまざまなホルモンの名前が出てくる．

　有機化合物の名前は，IUPACが厳密な規則にのっとった体系名を与えているので，多くのホルモンもその例外ではなくIUPAC命名法による名前がある．たとえば，テストステロンはIUPAC命名法では17β-hydroxyandrost-4-en-3-oneである．テストステロンはアンドロゲン（男性ホルモン）に属し，さらに広くは性ホルモンと総称されるホルモンの一つであり，ステロイド骨格をもつステロイドホルモンの一つである．初めて学習すると，これらの名前のどれが物質名で，どれが総称でその包含関係はどうなっているか，わからなくなってしまうことがある．また，物質名であるチロキシンを，分泌する器官の名前を付けて甲状腺ホルモンと呼んだりもする．

　ここでは，さまざまなホルモンの名前やその働きについて説明するのは後回しにして，まずは一つのホルモンに絞って，「比較するとはどういうことか」を考えていこう．そのホルモンはオキシトシンである．なお，本書ではIUPAC名は使わず，歴史的な背景をもつ慣用名を使うことにする．

2.1　オキシトシンで投資が増える？

　2005年6月2日号のNatureに，「Oxytocin increases trust in humans」というタイトルの短報がLetter欄に掲載された[2-1]．この論文を読むと，投資ゲームを行うときにオキシトシンを点鼻によって投与すると，相手に対する信頼感が高まり投資額が増える傾向があることがわかった，というのである．

　オキシトシンとは，出産の時に子宮平滑筋の収縮を促し，出産後には乳汁

射出を促すホルモンであり,「信頼」とは結びつきにくい.情報伝達物質であるホルモンの本質を理解するために,まずはじっくりとオキシトシンについて考えてみよう.

2.2 オキシトシンの発見

おそらくヒトが麦の栽培を行うようになってすぐに認識されただろうと思われる麦角 (ergot) は,麦角菌 (もっとも有名なのは *Claviceps purpurea*) が,ライ麦や小麦,大麦に寄生したため生じた硬い菌核のことで,この菌に寄生されると,穂先に黒い角のようなものが現れるので,「悪魔の黒い爪」として恐れられた (**図2.1**).というのも,麦角による食中毒がヨーロッパでは歴史上しばしば起きたからである.麦角中毒では神経系や循環器系に障害が起こり,神経系に対する影響として癲癇や幻覚を引き起こし,循環器系では末梢血管収縮のため四肢の末端が黒く変色して壊死に至ることもあるそうだ.新しいところでは,1926年から27年にかけて,ロシアで1万人以上が麦角中毒にかかり,そのうち93人が死亡したという事件,さらに新しく1951年にフランスのプロバンスの田舎町で,麦角の混じったライ麦粉を使ったパンによる中毒事件が起こっている[2-2].

麦角中毒は,麦角に含まれる40種に上るアルカロイドによって起こる.16世紀頃から麦角は分娩誘発に使われることがあったが,これは40種類の成分のうちエルゴメトリンの子宮平滑筋収縮作用を利用したものであり,その後も陣痛促進や出産後の子宮からの出血を止めるのに使われたらしい.

こんな麦角アルカロイドの作用を,イギリスの薬理学者で生理学者のデール (Sir Henry H. Dale) は,麦角の抽出物を使い,ネコ,ウサギ,サルを実験材料として,自律神経支配を受けるさまざまな器官に与える影響をキモグラフで記録して調べた[2-3].

図2.1 麦角菌により黒くなったライ麦の麦角
(Flicker をもとに作図)

2.2 オキシトシンの発見

　デールは大学（Trinity College of Cambridge University）を卒業した後，一時ドイツの細菌学者エールリヒ（Paul Ehrlich）のもとで学び，イギリスに戻ってスターリング（E. H. Starling）とベイリス（W. Bayliss）のもとでイヌから膵臓を取り出す実験を手伝った．スターリングとベイリスはセクレチンの発見者で，ホルモンという名前はスターリングによってつくられたことはよく知られている（3章で詳述）．

　デールは，1904年から製薬会社のもつWellcome Research Laboratories in Physiologyに薬理学者として研究職につき（後に所長），ここで自分のアイデアで研究を始めることになる．雇い主のウェルカムは麦角についての研究を示唆した．ライバル会社のアメリカのParke-Davis and Companyがこの種の研究を行っていたからである．デールは，自律神経支配を受けている血管や子宮に対するアドレナリン（adrenalin）の効果に対して，麦角アルカロイドがどのように影響するかを調べた．その結果，麦角アルカロイドはアドレナリンの二相性の作用の片方のみに拮抗する作用があることを見いだす（現在の知見ではα受容体に対するpartial agonistに相当する）．これらの結果をまとめた1906年のかなり長い論文[2,3]の中で，ネコ，ウサギ，サルを使って子宮への作用を調べた実験で，すでに血圧上昇作用があることがわかっていたウシの下垂体抽出物に，子宮収縮作用があることを示している（図2.2）．これが下垂体後葉に子宮収縮作用があることを示した初めての記載である．

　これ以降，デールは麦角アルカロイドに関する論文をいくつか発表している．ちなみに，デールの

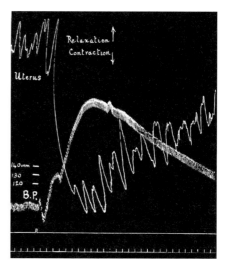

図2.2　0.4 gの乾燥ウシ下垂体抽出物の静脈注射によるネコ子宮への影響
静脈注射により血圧（BP）が上昇し，子宮（Uterus）が収縮している．文献2-3より．

博士号取得は 1909 年なので，この研究は彼が博士号を取得する前のものである．

　デールは，神経伝達物質としてアセチルコリンを同定した研究で，後にレーヴィ（O. Loewi）とともに 1936 年にノーベル生理学・医学賞を授与される，あのデールである．レーヴィとはドイツのエールリヒのもとへ行った時からの親しい友人だった．1906 年の研究が，その後の自律神経作用の研究，アセチルコリンの研究の出発点となっている．デールはまた，ずっと後に神経伝達物質によってニューロンを分類する体系をつくり，adrenergic（アドレナリン作動性）とか cholinergic（コリン作動性）という用語で，1 つのニューロンは 1 つの神経伝達物質しか分泌しないという「デールの原理」を提唱した．しばらくはこれが権威となっていたのであるが，もちろんこの原理は，現在では誤りであることがわかっている．

　デールの記述から数年後の 1910 年と 1911 年に，下垂体抽出物に乳汁射出作用があることが報告される [2-4, 2-5]．1927 年になって製薬会社である Parke-Davis and Company のカム（O. Kamm）と共同研究者によって，下垂体抽出物の 2 つの作用を担う物質がそれぞれ分けられて，商標名 pitocin（oxytocin）と pitressin（vasopressin）と名づけられる [2-6]．こうしてオキシトシンの標品が供給可能となったので，さまざまな研究に使用できるようになった．

2.3　オキシトシンの構造決定

　オキシトシンはペプチドであり，そのアミノ酸配列は 1953 年にタピー（H. Tuppy）とデュ・ヴィニョー（V. du Vigneaud）らによってそれぞれ論文として発表された [2-7, 2-8]．デュ・ヴィニョーはすぐにペプチドを合成してアミノ酸配列が正しいことを確認する [2-9]．デュ・ヴィニョーはこれらの業績により 1955 年にノーベル化学賞を受賞している．彼の受賞講演を読むと，1923 年，彼がイリノイ大学の大学院の修士課程の学生だったとき，カナダの学会から帰国したある教授の講演の中で，バンティング（F. Banting）とベスト（C. Best）がインスリン（insulin）の抽出に成功したと聞いてインスリンに興味をもち，硫黄 S を含むペプチドという共通点から後にオキシト

2.3 オキシトシンの構造決定

シンの研究に向かうことになったと書いている（ノーベル賞受賞講演のタイトルは Sulfur research: From insulin to oxytocin）.

デュ・ヴィニョーは初めインスリンの研究に手を染めるが，1930年代になるとインスリンの研究で蓄積したノウハウを使って，分子量の小さなオキシトシンに取り組み始めた．彼らは Parke-Davis and Company からもらった下垂体後葉の抽出物を加水分解し，オキシトシンには9%のシスチンが含まれること，SS結合を切ると活性が失われることを発見する．これに力を得て，後葉抽出物からホルモンの純化に取り組むが，含量が少ないのでなかなか純

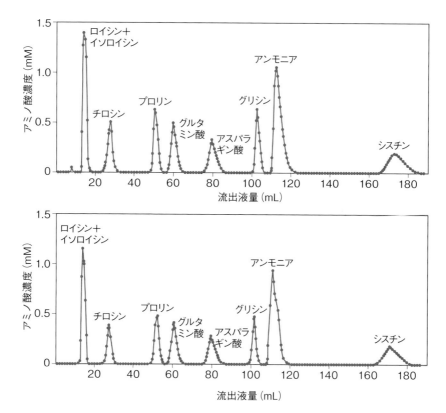

図2.3 ウシ下垂体後葉のオキシトシン加水分解物（上）と構成アミノ酸混合物（下）の向流分配チャート
システインではなくシスチンであることに注意.

2章 オキシトシンを例にして

化の作業は進展しなかった．

　第二次世界大戦の間の中断を経て再開した研究では，向流分配法を使い，オキシトシンは8種類のアミノ酸からなり（図2.3），それぞれのアミノ酸は同じ比率であること，アンモニアがアミノ酸に対して1：3のモル比で存在し，分子量はおよそ1000であることを明らかにする．その後，さまざまなやり方でアミノ酸配列を推定し，多くのデータから最終的に合理的な配列を決めることになる．

　ちなみに有名なサンガー（Frederick Sanger）によるインスリンの構造解明もこの頃のことであり，オキシトシンの構造を解明したとしてデュ・ヴィニョーと並んで名前の挙がっているタピーは，サンガーの研究室にオーストリアからきて在籍していたポスドクである．デュ・ヴィニョーのノーベル賞受賞講演によると，このタピーの短い論文は，デュ・ヴィニョーの研究室がすでに公表したアミノ酸組成，分子量，サンガーの考案したジニトロフェノールによるN末端アミノ酸決定法を使った結果などのデータと，タピー自身のデータから推定したもので，デュ・ヴィニョーとタピーのデータの解釈と推定がまったくパラレルだったと述べている．

　アミノ酸配列は種々の結果から合理的に推定したものであったので，デュ・ヴィニョーはすぐに合成に取り掛かり，短期間で合成に成功し，合成品が天然物と同じ活性を有することを確認する．

　こうして決まったオキシトシンの一次構造（アミノ酸配列）は，以下のとおりである（図2.4）．図2.3にあるグルタミン酸とアスパラギン酸はそれぞれアミド化されたグルタミンとアスパラギンに該当し，さらにC末端もアミド化されているので，これらの合計が3モル分のアンモニアに相当する．また図2.3のシスチンは，配列の中では1位と6位の2つのシステインであり，したがってオキシトシンは9つのアミノ酸からなるノナペプチドである．

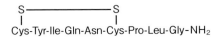

図2.4　オキシトシンのアミノ酸配列

現在では，オキシトシンの分子の立体構造も明らかにされている[2-10]（図2.5）.

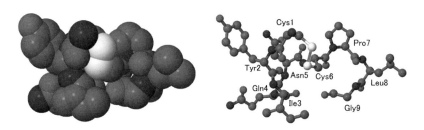

図 2.5　オキシトシンの立体構造
空間重点モデルと棒球モデルで表示してある（水素は表示されない）.
棒球モデルにはアミノ酸の名前をなるべく α 炭素に近い位置に付してある．（PDB　1npo）

哺乳類の下垂体後葉からは，オキシトシンとは別のホルモンであるバソプレシン（vasopressin）も分泌される．デュ・ヴィニョーはこちらの構造も決めている（後述 2.6 節）.

2.4　オキシトシンとニューロフィジン，その合成場所

これらの研究とは別に，ファン・ダイク（H. B. van Dyke）と共同研究者は，1942 年にウシの下垂体後葉から，もっと分子量が大きく（およそ 30,000），しかもオキシトシン活性のあるタンパク質を塩析によって単離していた[2-12]．この分子量の違いは何だろうか？

その後わかったことは，この分子量の差はニューロフィジン（neurophysin）というタンパク質によるもので，こちらのタンパク質にはオキシトシン活性もバソプレシン活性もなく，運搬タンパク質であることがわかった（総説 2-11 参照）．ニューロフィジンにはオキシトシンを運ぶ I とバソプレシンを運ぶ II があることもわかった．ニューロフィジンに関する研究はその後，たくさん生まれるが，ここでは少し先に飛んで，オキシトシンの遺伝子のクローニングが行われ，構造が明らかになったことをまず紹介する．これまで歴史的に順を追って眺めてきたが，ここからは自由に時間を超越することにする．

2章 オキシトシンを例にして

　1984年にオキシトシンの遺伝子のクローニングが行われ,遺伝子の塩基配列が解明された[2-13].その結果,明らかになったのは,オキシトシンとニューロフィジンIは連続してコードされているタンパク質だったことである（図2.6）.

```
MAGPSLACCL LGLLALTSAC YIQNCPLGGK RAAPDLDVRK CLPCGPGGKG  50
RCFGPNICCA EELGCFVGTA EALRCQEENY LPSPCQSGQK ACGSGGRCAV 100
LGLCCSPDGC HADPACDAEA TFSQR 125
```

図 2.6　ヒトの翻訳直後のオキシトシン・ニューロフィジン複合体（プレプロホルモン）
下線部の19アミノ酸配列がシグナルペプチド,白抜き文字部がオキシトシン.太字のGKRは酵素による切断部位で,二重下線部はニューロフィジンI.

　オキシトシンは上に述べたように,最初は下垂体後葉から抽出されたが,光学顕微鏡や電子顕微鏡を使った形態学的な研究から,実際には視床下部の室傍核と視索上核に存在する大型の神経分泌細胞（magnocellular neurosecretory neuron）で合成され,下垂体後葉（posterior hypophysis；後葉は神経葉 neurohypophysis と同様に使われることがある.ヒトなど哺乳類ではもっぱら後葉が用いられる）に送られていることが明らかになる.視床下部－下垂体後葉系をアルデヒド・フクシン法などによって染色して光学顕微鏡によって観察すると,下垂体後葉にある染色された顆粒は,軸索を逆に辿ると視床下部の室傍核と視索上核のニューロン本体に達することがわかったからである（図2.7）.

　こうしてニューロンがホルモンを合成し,その軸索末端から分泌することがわかり,シャーラー（E. Scharrer）によって「神経分泌」という考え方が提唱された.これを契機として,この分野（神経内分泌学）の研究がさかんに行われるようになる.さらに電子顕微鏡による観察によって,このニューロンには大型の分泌顆粒が存在することがわかり,分泌顆粒の分画なども行われた.

　この分泌顆粒の分画を使い,オキシトシンとニューロフィジンの間にあ

2.4 オキシトシンとニューロフィジン，その合成場所

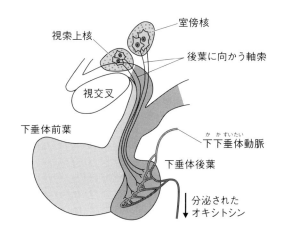

図2.7　ヒトの視床下部－下垂体後葉系
http://www.trinity.edu/lespey/biol3449/lectures/lect7/Fig.5.5.jpg を改変

る，Gly（G）の隣にある Lys-Arg（KR）の塩基性アミノ酸ダブレット（図2.6）を認識して切断するのは，エンドプロテアーゼの一種（magnolysin, EC 3.4.24.62）であることが示された[2-14]．この酵素は顆粒内に存在し，分泌顆粒の中で両者を切断する．切断後はニューロフィジンがオキシトシンと結合して運搬していると考えられている．オキシトシンのN末端から2番目のチロシン残基はニューロフィジンが形成するポケットに抱え込まれている（図2.8）．

分泌顆粒に含まれるオキシトシンとニューロフィジンは軸索末端まで運ばれ，そこからエクソサイトーシスによって血中に放出される．神経的な信号（つまり活動電位）が軸索末端まで来ると，通常のニューロンと同じように膜タン

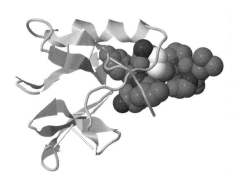

図2.8　ニューロフィジン（リボン構造で表示）と結合したヒトのオキシトシン（PDB　1npo）

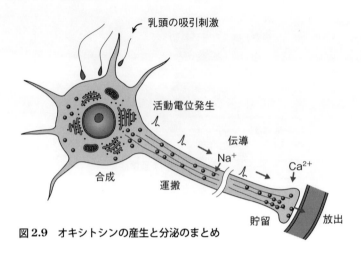

図 2.9 オキシトシンの産生と分泌のまとめ

パク質である電位依存性カルシウムチャネルが開き，カルシウムイオンが軸索末端内に流入することにより，分泌顆粒は軸索末端の細胞膜と融合しエクソサイトーシスによる放出が起こる（**図 2.9**）．分泌されたオキシトシンは血流によって標的器官に運ばれてその作用を現すが，一緒に放出されたニューロフィジンがどのような機能を発揮しているかはわかっていない．

2.5　オキシトシンの分泌と作用

　こうしてオキシトシンは，すでに述べたように子宮平滑筋に作用してその収縮を引き起こし，乳腺平滑筋に作用して乳汁の射出を誘導する．それではどのようにして放出が促されるのであろうか．

　乳汁射出に関しては，乳児が乳首を吸う刺激（吸引刺激）が脊髄を通って上行し，視床下部の神経分泌細胞に達すると考えられている．この刺激によって神経分泌細胞（ニューロン）に活動電位が発生して，これがオキシトシンの放出を促すのである（**図 2.9**）．

　詳しくは 3 章で述べるが，信号を伝えるホルモンがその機能を発揮するためには，ホルモンを受け取る受容体が必要である．ペプチドあるいはタンパク質ホルモンは細胞膜を通過できないので，細胞膜に埋め込まれた膜タンパク質が受容体となる．オキシトシンの受容体の一次構造は**図 2.10** のとおり

2.5 オキシトシンの分泌と作用

```
MEGALAANWS AEAANASAAP PGAEGNRTAG PPRRNEALAR VEVAVLCLIL   50
LLALSGNACV LLALRTTRQK HSRLFFFMKH LSIADLVVAV FQVLPQLLWD  100
ITFRFYGPDL LCRLVKYLQV VGMFASTYLL LLMSLDRCLA ICQPLRSLRR  150
RTDRLAVLAT WLGCLVASAP QVHIFSLREV ADGVFDCWAV FIQPWGPKAY  200
ITWITLAVYI VPVIVLAACY GLISFKIWQN LRLKTAAAAA AEAPEGAAAG  250
DGGRVALARV SSVKLISKAK IRTVKMTFII VLAFIVCWTP FFFVQMWSVW  300
DANAPKEASA FIIVMLLASL NSCCNPWIYM LFTGHLFHEL VQRFLCCSAS  350
YLKGRRLGET SASKKSNSSS FVLSHRSSSQ RSCSQPSTA             389
```

図 2.10　オキシトシン受容体のアミノ酸配列（ヒト）
下線部は膜貫通領域（UniProt による）

である．オキシトシン受容体そのものの三次構造はわかっていないが，G タンパク質共役型（7 回膜貫通型；GPCR）で，何種類かある G タンパク質のうちの Gq と共役している（G タンパク質については 3 章で詳述する）．

実際の受容体は 7 つの膜貫通領域が束ねられた構造をしているが，それをほぐして平面的に示すと，オキシトシン受容体は**図 2.11** のような構造になる[2-15]．このような受容体が，子宮平滑筋や乳腺平滑筋に存在しているのである．

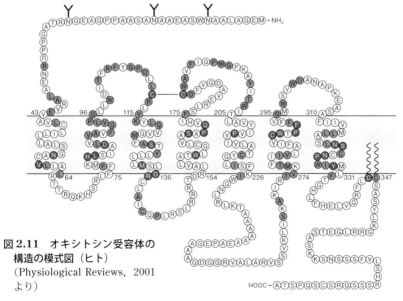

図 2.11　オキシトシン受容体の構造の模式図（ヒト）
（Physiological Reviews, 2001 より）

2章 オキシトシンを例にして

オキシトシンがこの受容体に結合すると，結合したという情報が細胞内に伝わり，Gタンパク質を介して細胞内に変化が起こる（これをシグナル伝達と呼ぶ）．その結果，平滑筋が収縮する（詳しくは3.5節）．

2.6 オキシトシンとバソプレシン

これまであえて触れてこなかったが，下垂体後葉には血管収縮作用があることが平滑筋収縮作用よりも前に見いだされていた（2.2節で述べたpitressinがこれである）．そして，オキシトシンのアミノ酸配列の決定と同時期に，血管収縮作用をもつバソプレシンのアミノ酸配列もデュ・ヴィニョーによって決定されている．バソプレシンとオキシトシンのアミノ酸配列の違いは3番目と8番目だけで，1番目と6番目のシステインがSS結合を作っているところなど，分子の形は両者でよく似ている（図2.12）．現在では，バソプレシンもプレプロホルモンとして転写・翻訳され，ニューロフィジンⅡが切り離されることがわかっている．バソプレシンの場合は，ニューロフィジンⅡの後にさらにコペプチンというペプチドが存在する（図2.13）．

オキシトシンと同じように，バソプレシンはニューロフィジンⅡとコペプチンとともに血中に放出されるが，ニューロフィジンⅡとコペプチンの機能はわかっていない．ただしコペプチンは，現在バソプレシンの代わりに血中

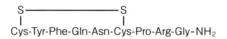

図2.12　バソプレシンのアミノ酸配列

```
MPDTMLPACF LGLLAFSSAC YFQNCPRGGK RAMSDLELRQ CLPCGPGGKG    50
RCFGPSICCA DELGCFVGTA EALRCQEENY LPSPCQSGQK ACGSGGRCAA   100
FGVCCNDESC VTEPECREGF HRRARASDRS NATQLDGPAG ALLLRLVQLA   150
GAPEPFEPAQ PDAY                                         164
```

図2.13　ヒトの翻訳直後のバソプレシン・ニューロフィジン複合体（プレプロホルモン）
下線部の19アミノ酸配列がシグナルペプチド，白抜き文字部がバソプレシン．太字のGKRとRは酵素による切断部位で，二重下線部はニューロフィジンⅡ，破線下線部はコペプチン．

濃度を測定して，バソプレシン分泌の有無を検査するために使われている．バソプレシンは分子量が小さく半減期が短いので測定するのが困難だが，コペプチンは分子量が大きくて半減期が長いので測定系を確立しやすかったからである．

　バソプレシンは名前の示す通り，血管を収縮させて血圧上昇を起こすが，もっと大切な役割は体内の浸透圧調節作用である．バソプレシンは腎臓の集合管に働いて水の再吸収を促進し，尿量を減少させて体内の水分保持に寄与する．そのためバソプレシンは，抗利尿ホルモン（ADH）という別名をもっている．

　血管への作用と腎臓集合管への作用が異なるのは，バソプレシンがそれぞれ異なる受容体と結合するからである．というか，それぞれの組織が別の受容体を発現しているからである．このように，同じホルモンであっても受容体が異なると，作用が異なることがある．受容体がカップルしているGタンパク質が異なるためである．ちなみに，血管の受容体（V1a）はGqと，集合管の受容体（V2）はGsとカップルしている．

　これまで述べてきたのは，ヒトを含めた哺乳類のバソプレシンだが，哺乳類でもブタやカバのバソプレシンはこれとは異なり，8番目のアミノ酸がArgではなくLysである．両者を区別する必要があるときには，前者をアルギニン・バソプレシン（あるいはargipressin），後者をリシン・バソプレシン（あるいはlypressin）と呼ぶ．ここではとくに断らない限り，アルギニン・バソプレシンについて述べていく．

　ヒトのオキシトシンの遺伝子は第20番染色体上にある（20p13）．オキシトシンの遺伝子を調べてみると，おもしろいことがわかる．それはオキシトシンとバソプレシンの遺伝子が同じ染色体の，ごく近い位置に存在していることである（図2.14）．ちなみに情報を受け取るオキシトシン受容体の遺伝子は第3番染色体（3p25）にあり，バソプレシン受容体の遺伝子は水の再吸収に働くV2受容体がXq28，血管収縮に働くV1a受容体が12q12にある．

　ヒト以外の哺乳類もオキシトシンとバソプレシンをもち，2つのホルモンの遺伝子は同じ染色体上に隣接して存在する．これは遺伝子重複が過去に（お

2章 オキシトシンを例にして

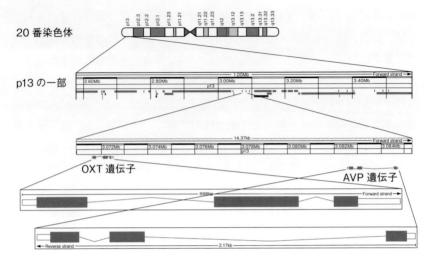

図 2.14 オキシトシンとバソプレシン遺伝子の位置関係
両者は 20 番染色体の短腕上に隣接して存在する．いずれもエクソンは 3 つ．ただし，オキシトシンの転写方向はフォワード（左から右）だが，バソプレシンの場合はリバースである（すなわち，反対側の鎖を逆方向，右から左に転写する）．（Ensambl より作成）

そらく 5 億年前に無顎類と有顎類が分岐したとき）起こったためだと考えられている．

2.7 オキシトシンは信頼ホルモン？

ここまで述べてきたように，オキシトシンは下垂体後葉から分泌されるホルモンとして，さまざまな角度から研究されてきた．それが信頼ホルモンというのはどういうことだろうか．もう一度，最初の論文に戻ってみよう．

スイスの研究チームによるこの論文では，健康な男子学生を 128 人使ってゲームを行っている．このゲームは経済学の分野で使われる信頼ゲーム（trust game）と呼ばれるもので，ゲームに参加した被験者は最初にお金の代わりになる 12 MU（monetary unit）を受け取る．次に被験者を 2 人ずつランダムに組み合わせ（相手が誰だかわからないようにしている），預託者（investor）と受託者（trustee）の役割を与える．

2.7 オキシトシンは信頼ホルモン？

　ゲームでは，預託者が 0，4，8，12 MU のいずれかの額を受託者に投資すると，受託者は投資額の 3 倍を受け取ることができる．預託者が預託する額が決まると，受託者はいくら投資されたかを知らされ，次に受託者は預託者からの信頼にこたえて預託者にいくら戻すかを決定する．戻す MU は 0 から自分の持っている最大額の範囲から自由に選ぶことができる．たとえば，12 MU 投資されたなら，自分の持っている MU は，預託された額の 3 倍（12 × 3）＋ 持っている額 12 ＝ 48 MU なので，この範囲で戻すことができる．戻す額は 3 倍にしないで預託者に戻される（図 2.15）．

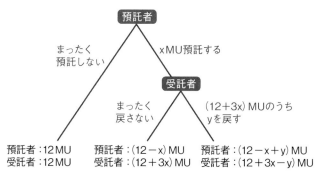

図 2.15　信頼ゲームのツリー図

　この結果，預託者は最初の 12MU から預託額を引いたものに戻ってきた額を足した合計が手元に残り，受託者は最初の 12MU に預託者から受けた額を 3 倍した額を加え，そこから預託者に戻した額を引いた額が手元に残る．
　被験者はランダムに選ばれた異なる 4 人の相手と同じ役割で 1 回ずつ 4 回ゲームを行う．最後に，手元にある MU は最初にアナウンスした交換レートで実際のお金に交換される．したがって相手を信頼して多くの額を預託し，それに応えて受託者が預託者に預託された額より多い額を戻すと（図 2.15 のいちばん右の場合），両者とも最初の額よりも持分が増える．ゲームは同じ相手とは 1 回しか行わないから，受託者が預託者の信頼にこたえずにまったく戻さないという選択もありうる（図 2.15 中央の場合）．したがって，預託者は「受託者を信頼するか疑うか」というジレンマに陥ることになる．

2章 オキシトシンを例にして

　ゲームを行う50分前に預託者にオキシトシンを点鼻で投与する．対照群にはプラセボを投与する．これらはもちろん二重盲検で行う．ペプチドのような分子は，静脈に注射しても脳－血液関門のために脳には移行しないが，点鼻で投与すると鼻粘膜から吸収されて脳に到達することはよく知られている．点鼻投与の結果，オキシトシンを投与された預託者は，プラセボと比べて多くの額のMUを預託していることがわかった．じつに半数近くの人が，思い切りよく全額を預託しているのである（図2.16A）．

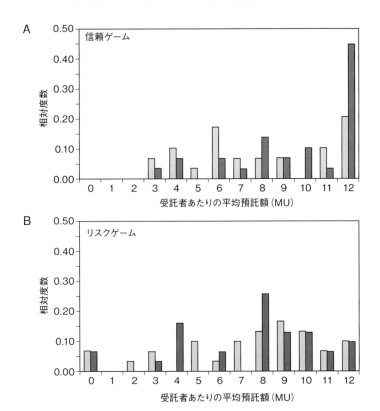

図2.16　オキシトシン投与による預託金の増加
　Aのグラフが信頼ゲームの結果．黒棒がオキシトシン投与，白棒はプラセボ投与．
　Bのグラフはリスクゲームの結果．トラストゲームの結果とは異なり，オキシトシン投与とプラセボ投与間に差はない．

さらにこのような結果は,「信頼」という人に対する社会行動であることを確認するため,信頼ゲームとまったく同じ手順で行うが,相手はヒトではなくコンピューターで,戻すかどうかを含めて戻す額もまったくランダムにコンピューターが行うゲーム(リスクゲーム)を66人使って実施したところ,オキシトシンとプラセボ間に差はなくなった(図 2.16B).

これらの結果は,オキシトシンが脳に作用して,ヒトの社会的な行動である「相手を信頼する」という行動が増強されたことを示唆している.ちなみにこのオキシトシン点鼻薬は,アメリカでは市販されている.

2.8　オキシトシンは脳にも働く

下垂体後葉から分泌されたオキシトシンは,血流に乗って体中を廻って標的器官(組織)である乳腺や子宮平滑筋に働くが,脳には血液-脳関門があるので,血中のオキシトシンが脳に入ることはできない.「信頼ゲーム」の実験で,脳にも働くということがわかった.それではオキシトシンは脳のどこに働くのだろうか.また,どのように視床下部の産生場所から脳内に送られるのだろうか.

同じ研究グループが,2008年に今度はfMRIを使って,上述したゲームを行っているときの脳の活動を調べた結果を発表している[2-16].それによると,オキシトシン点鼻投与で影響が出る脳の部位の1つは,扁桃体(amygdala)であることが示されている.この実験以外でも,ヒトでオキシトシンと扁桃体の関係を示す実験が報告されている[2-17].

2005年の「信頼ホルモン」の報告は,インパクトがあるので一般の新聞でも取り上げられ,不勉強にも新聞を読んで筆者は知ったのだが,元の論文を読むとヒト以外の哺乳類における先行研究について引用されており,芋蔓式にたくさんの先行研究を詳しく知ることとなった.なかでもカーター(Sue Carter)を中心としたハタネズミを使った研究はよく知られている.

プレーリーハタネズミ(prairie vole:*Microtus ochrogaster*)とサンガクハタネズミ(montane vole:*Microtus montanus*)は,北アメリカに分布するマウスほどの大きさのげっ歯類で,後者が哺乳類では一般的な婚姻形態である

図2.17　プレーリーハタネズミ（左）とサンガクハタネズミ（右）
（https://sites.tufts.edu/emotiononthebrain/page/2/ 内の写真をもとに作図）

一雄多雌（polygamy のうちの polygyny）であるのに対して，前者は哺乳類では珍しく単婚（monogamy）である．この2種の繁殖行動を調べてみると，雌雄の配偶行動や雌の子育て行動に大きな違いがある．

　フィールドでは，プレーリーハタネズミは長期間の単婚関係を維持し，雌雄ともに熱心に保育行動を示すが[2-18]，サンガクハタネズミは別々の巣穴に棲み，単婚関係は見られない．実験室の飼育環境下でも，プレーリーハタネズミは雌雄が寄り添い，見知らぬ相手には攻撃を加え，雌雄で熱心に保育し，雌は授乳する[2-19]．一方のサンガクハタネズミの保育行動は最低限で，雌雄の接触も最小限である．二つの種の社会的行動の違いは，生まれた直後の時期から明瞭で，明らかに遺伝的な背景があることを示している．カーターらのグループは，プレーリーハタネズミが示すこのような社会的行動を，愛（love）の根源である愛着（attachment）として，この2種を使って，科学的なアプローチを試みている．

　彼らはさまざまな実験を行い，番い（つがい）が形成されると，番いの相手と見知らぬ個体のどちらにより強く惹かれるか（近い位置にいるかを測定）（partner preference），見知らぬ個体に対して攻撃的になるか（selective aggression）を指標にして，番いの絆の強さ（pair bonding）を評価している[2-20]．そのうちの一つをここに紹介する．交尾をすると，プレーリーハタネズミでは番いの絆が強まるのである．一方，サンガクハタネズミでは番いの絆が強まることはなく，単独でいる時間の方が長かった（図2.18）．

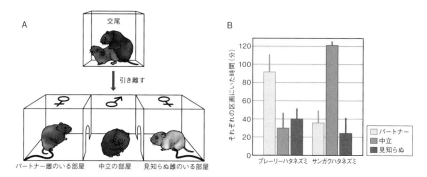

図 2.18　Partner preference test による，番いの絆の強さの評価
交尾後に雄を離して真ん中の（中立）部屋に置き，3 時間の観察期間で，左のパートナーと右の見知らぬ個体のいる部屋の 3 つの部屋にいた時間を計測する．（文献 2-21）

　この愛着は，どのような生理的なメカニズムに基づいているのかを調べた結果，オキシトシンが関係しているらしいことが示唆された．そこで，オキシトシンを直接，脳内に投与すると，partner preference が高まった[2-22]．
　ということは，オキシトシンの受容体が脳内にあることになる．実際にオートラジオグラフィーで脳のオキシトシン受容体を調べてみると，標識したオキシトシンが結合する受容体が脳内にもあることが示された[2-23]．しかも，プレーリーハタネズミとサンガクハタネズミでは受容体の分布が少し異なっていた（図 2.19）．これらの場所は，雌雄の絆の強化（pair bonding），雌の母性行動（maternal care），性行動（sexual behavior）に関係すると考えられる部位である．
　両方の動物の受容体をスキャッチャードプロット（scatcherd plot）で調べてみると，傾き（リガンドに対する親和性）は同じだが，Bmax（y 切片との交点で受容体の数を反映する）はプレーリーハタネズミの方がずっと大きく，プレーリーハタネズミの方が受容体の数が多いことが示された．両者の場所による違いを見てみると，図 2.19 の E と F を比べてわかるように，扁桃核外側部に注目すると，プレーリーハタネズミでは受容体が明瞭だが，サンガクハタネズミではほとんど染まっていなかった．

2章 オキシトシンを例にして

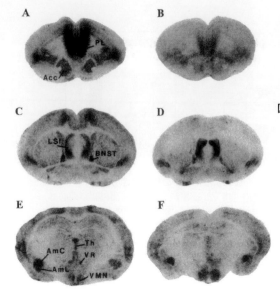

図2.19 オートラジオグラフィーによるプレーリーハタネズミ（A, C, E）とサンガクハタネズミ（B, D, F）のオキシトシン受容体の分布
Acc：側坐核，PL：prelimbic cortex，BNST：分界条床核，LSI：外側中隔，AmC：扁桃体中心核，AmL：扁桃体外側部，Th：視床中央部，VR：視床結合核腹部，VMN：視床下部腹内側核．（文献2-23より）

　ここで，この節の冒頭部分とつながることになる．大脳辺縁系に属する扁桃体（amygdala）は記憶に関係する部位でもあるが，外側部は情動の中枢でもあり，とくに恐怖反応を起こす起点となり，扁桃体を通過した情報は，恐れの情動反応を引き起こすことが知られている．そこにオキシトシンの受容体があり，婚姻形態が異なる2種のハタネズミで受容体の分布が異なっていたのである．オキシトシンはこの部位で，恐れと不安の情動を抑制し，ヒトの場合は他人に対する警戒感を抑制していると考えると，話のつじつまがあう．

　側坐核でもプレーリーハタネズミで受容体が多いことがわかる．側坐核は脳内の報酬系の構成要素で，扁桃体からの入力がある．側坐核は図2.18で述べたpartner preference（好み）に働いていると考えられており，この部位にオキシトシンのアンタゴニストを注入すると，好みの増強が抑制された[2-24]．

　さらにラットを使った電気生理学的研究によれば，扁桃体にはオキシトシンによって活動電位を発生するニューロンとバソプレシンに反応するニューロンがあり，両者は軸索側枝でつながっていてネットワークを形成している．

2.8 オキシトシンは脳にも働く

このネットワークがフィルターのような働きをしていて，感覚器官などからの入力はこのフィルターを通して恐れや不安の情動反応をひきおこす部位に信号を送りだす．フィルターの網の目の大きさはオキシトシンとバソプレシンの入力量によって変化し，オキシトシンの入力が多ければフィルターの網の目は小さくなり，恐れの情動行動への出力が抑制される[2-25]．これはラットでの実験だが，ハタネズミでも同じようなニューロンネットワークがあるものと思われる．

このように，扁桃核での恐れの情動行動の抑制と，報酬系による好みの増強によって，プレーリーハタネズミの単婚が維持されているものと思われる（実際はもう少し複雑なのだが）[2-27]．

オキシトシンの産生場所である視床下部の視索上核と室傍核からの軸索は，図2.7にあるようにまっすぐに下垂体後葉に伸びているが，脳内に受容体がある部位（扁桃体，側坐核）にも，オキシトシンニューロンの入力があるはずである．経路の詳細は不明だが，両神経核のニューロンの軸索から枝分かれした軸索側枝が，反回して脳の別な部位に伸びていることは示されている[2-26]［両方の核に加えて両者の間にある大細胞性副核（accessory magnocellular nucleus）からも伸びている］．オキシトシンは扁桃体で確かに軸索末端から放出され，相手側ニューロンの受容体に結合して作用を現しているのである．

さらに興味深いのは，オキシトシンニューロンは樹状突起からもオキシトシンを放出していることである[2-28]（図3.31も参照）．出産や授乳の時には，かなりの量のオキシトシンの放出が必要である．そのため，オキシトシンニューロンへ神経的な入力があると，軸索への活動電位の発生とともに樹状突起からオキシトシンが放出され，これが隣接するオキシトシンニューロンを刺激する．つまり同期が起こるのである．こうしてオキシトシンニューロン群は，同期してリズミックにオキシトシンを下垂体後葉から放出する．

さらに，樹状突起から放出されたオキシトシンは脳内を拡散して受容体のある場所まで到達して，行動に影響を与えると考えられている[2-29]．

2.9 オキシトシンはホルモンか神経伝達物質か

2.4節で述べたように，オキシトシン（とバソプレシン）は，まずは下垂体後葉ホルモンとして抽出され，その構造が明らかになった．その後，魚類から哺乳類までの脊椎動物を使った多くの形態学的な研究によって，視床下部－下垂体後葉系という概念が確立していく．また，これらの研究が，視床下部－下垂体前葉系の研究へつながっていき，この分野は比較内分泌学の大きなテーマの1つだった．こうしてオキシトシンは，下垂体後葉から分泌されるホルモンとして確固たる地位を築いていった．

しかしながら，2.7節以降で述べたことをみてくると，オキシトシンはホルモンであるとともに神経伝達物質でもあることになる．後葉から血中に分泌される場合はホルモンだが，軸索側枝や樹状突起から脳内に放出された場合は神経伝達物質ということになる．

神経伝達物質というと，真っ先に運動神経のアセチルコリンを思い出し，筋肉の収縮のメカニズムを頭に浮かべるだろう．神経伝達物質にはこの場合のように，イオンチャネルの役割をもった受容体に結合して素早く電気的な信号を発生させるもの（速い神経伝達）と，3章で詳しく述べるセカンドメッセンジャーを介して細胞内にシグナル伝達をするもの（遅い神経伝達）に分けられる．オキシトシンは後者の方法を使って，ホルモンと神経伝達物質の両方の仕事をこなしていることになる．

どうしてこんなことができるのだろうか．ここでオキシトシン分子と受容体から少し離れて（この点に関しては4章で再び触れる），オキシトシン産生ニューロンについて考えてみよう．

オキシトシンとバソプレシンに似た構造をもった分子は，脊椎動物すべてにわたって見られ，このノナペプチドホルモンは極めてよく保存された分子である．したがって，それを産生しているニューロン（哺乳類以外では，オキシトシンではなくバソトシン，イソトシンなどであるが，便宜的にオキシトシンニューロンと表記する）も，脊椎動物全般にわたって存在する．

しかしながら，視床下部の中での産生ニューロンの配置に違いがある．図

2.9 オキシトシンはホルモンか神経伝達物質か

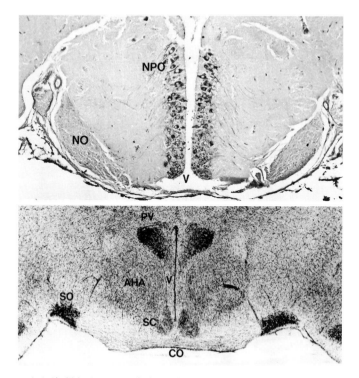

図 2.20 ウナギ(上)とラット(下)の前部視床下部の横断面図
ウナギはアルデヒド・フクシン染色(×67)(写真提供:浦野明央博士),ラットはニッスル染色(×14).NPO:視索前核,NO:視索,V:第三脳室,PV:室傍核,AHA;前視床下部核,SC:視交叉上核,SO:視索上核,CO:視交叉."Atlas of Endocrine Organs"(Springer-Verlag, 1992)および『内分泌器官のアトラス』(講談社)より

2.20 にあるように,無羊膜類(無顎類,軟骨魚類,硬骨魚類,両生類)では,オキシトシンニューロンは視索前核という一つの神経核を構成しているが,羊膜類(爬虫類,鳥類,哺乳類)では,室傍核と視索上核に分かれる.あたかも,ニューロン群が第三脳室の上方へまとまって移動して大きくなり,さらに腹側側方へ移動していって2つに分断されたようにみえる.種によっては,室傍核と視索上核の中間に副核(accessory nucleus)が存在する場合があり,この考えを裏付けているように思われる.

この配置替えにともなって,オキシトシンニューロンと第三脳室の位置関

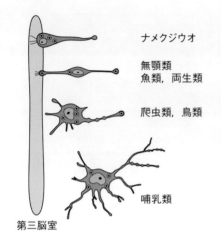

図 2.21 オキシトシンニューロンと第三脳室の位置関係の変化
（文献 2-30 より）

係も変化する（図 2.21）．無羊膜類では，オキシトシンニューロンの樹状突起は直接，第三脳室と接触しているが，羊膜類ではニューロンはしだいに脳室から離れ，哺乳類では樹状突起の数が増え，軸索側枝の数も増えてくる．

無羊膜類では，ホルモンは第三脳室内へ放出されて脳内に拡散すると考えられる．無羊膜類の小さな脳では，この方法で十分なのだろう．カエルの脳にもオキシトシンに相当するメソトシンの受容体の発現（mRNA で検出している）が，生殖行動に関連すると考えられている脳の部位に広く観察されている[2-31]．脊椎動物の進化にともなって脳が発達してくると，この方法では離れた脳の特定の部位にオキシトシンを送りだすのは困難になる．そのため軸索側枝が反回して伸びていった（そのように進化した）のだろう（図 2.22）．こうすることによって，複数ある脳の特定の部位に，効率よくオキシトシンを作用させることができるようになったのだと考えられる．

こうしてみてくると，オキシトシンニューロンは，もともとは脳内で生殖行動などを支配する神経伝達物質として機能していたのではないだろうか．もちろん，産卵行動にともなう輸卵管の収縮にも関与していただろう．それが，羊膜類になって陸に上がり，さらに胎盤をもち出産，哺乳という機能が必要になった時に，離れた標的器官により効率的に作用できるように，下垂体後葉から，分泌するようにシフトしていったのではないだろうか．

出産や哺乳という現象はヒトにとって重要だったので，さかんに研究が行われた．それは，後から考えると，より特殊化した現象だったのだが，オキシトシンと出産や泌乳にともなう平滑筋の収縮という現象が先に解明され

た．この図式のみが頭にあったので，この章の冒頭にある「オキシトシン」と「信頼」という関係を示す論文を見たときに，不思議に思ったのである．

多くの場合そうなのだが，研究は目につくところ，ヒトにとって役に立つところから始まる．たとえば，アクチンとミオシンの発見は筋収縮の研究から始まった．しかしながら，わかってみると細胞には普遍的にアクチン繊維とミオシンのようなモータータンパク質があって，細胞内の運動をつかさどっていた．筋肉はそれが特殊化し，よりオーガナイズされて多量に含むような組織だったのだ．現象を見るときは，いつも多様な視点から眺めてみることが必要

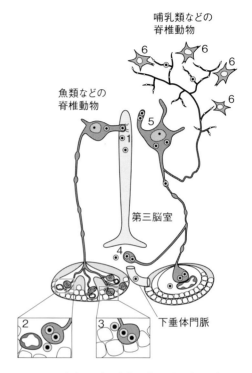

図 2.22　魚類などの脊椎動物と哺乳類などの脊椎動物のオキシトシンを放出する部位
1：脳室内へ，2：軸索から血中へ，3：軸索から下垂体前葉細胞へ，4：軸索から下垂体門脈へ，5：樹状突起から周囲へ，6：軸索からニューロンへ．（文献2-30より改変）

である．とくに進化の観点から見つめなおすということは常に必要だと，しみじみ思う．

かなり強引だったが，オキシトシンを例に，発見から分子，受容体などについて述べ，最後にホルモンについて考えるときは進化の視点を入れる必要があることを述べた．次の章では，それでは「ホルモン」とは何かという点をもう少し全般的な視点から述べていくことにする．

2章引用文献

2-1) Kosfeld, M. *et al.* (2005) Nature, **435**: 673-676.

2-2) http://www.botany.hawaii.edu/faculty/wong/BOT135/LECT12.HTM

2-3) Dale, H. H. (1906) J. Physiol., **34**: 163-206.

2-4) Ott, I., Scott, J. C. (1910) Proc. Soc. Exp. Biol., **8**: 48-49.

2-5) Schafer, E. A., Mackenzie, K. (1911) Proc. Royal Soc. (London) Series B, **84**: 16-22.

2-6) Kamm, O. (1928) J. Am. Chem., **50**: 533-601.

2-7) du Vigneaud, V. *et al.* (1953) J. Biol. Chem., **205**: 949-957.

2-8) Tuppy, H. (1953) Biochim. Biophys. Acta., **11**: 449-450.

2-9) du Vigneaud, V. *et al.* (1954) J. Am. Chem. Soc., **76**: 3115-3121.

2-10) Rose, J. P. *et al.* (1996) Nat. Struct. Biol. Feb., **3**: 163-169.

2-11) Hope, D. B., Hollenberg, M. D. (1968) Pro. Roy. Soc. B, **170**: 37-47.

2-12) van Dyke, H. B. *et al.* (1942) J. Pharmacol., **74**: 190-209.

2-13) Ivell, R., Richter, D. (1984) Proc. Natl. Acad. Sci. USA, **81**: 2006-2010.

2-14) Clamagirand, C. *et al.* (1987) Biochemistry, **26**: 6018-6023.

2-15) Gimple, G., Fahrenholz, F. (2001) Physiol. Rev., **81**: 629-683.

2-16) Baumgartner, T. *et al.* (2008) Neuron, **58**: 639-650.

2-17) Labuschagne, I. *et al.* (2010) Neuropsychopharmacology, **35**: 2403-2413.

2-18) Getz, L. L., Hofmann, J. E. (1986) Behav. Ecol. Sociobiol., **18**: 275-282.

2-19) Carter, C. S., Getz, L. L. (1985) "Neurobiology" Giles, R., Balthazart, J., eds., Springer-Verlag, p.18-36.

2-20) Williams, J. R. *et al.* (1992) Horm. Behav., **26**: 339-349.

2-21) Nair, H. P., Young, L. J. (2006) Physiology, **21**: 146-152.

2-22) Williams, J. R. *et al.* (1994) J. Neuroendocrinol., **6**: 247-250.

2-23) Insel, T. R., Shapiro, L. E. (1992) Proc. Nat. Acad. Sci. USA, **89**: 5981-5985.

2-24) Young, L. J. *et al.* (2001) Horm. Behav., **40**: 133-138.

2-25) Huber, D. *et al.* (2005) Science, **308**: 245-248.

2-26) Knobloch, H. S. *et al.* (2012) Neuron, **73**: 553-566.

2-27) Bosch, O. J., Neumann, I. D. (2012) Horm. Behav., **61**: 293-303.

2-28) Bealer, S. L. *et al.* (2010) Am. J. Physiol. Regul. Integr. Comp. Physiol., **299**: R452-R458.
2-29) Ludwig, M., Leng, G. (2006) Nature Rev. Neurosci., **7**: 126-136.
2-30) Knobloch, H. S., Grinevich, V. (2014) Front. Behav. Neurosci., **8**: 31-43.
2-31) Do-Rego, J.-L. *et al.* (2006) J. Neurosci., **26**: 6749-6760.

3. ホルモンとは何か

　2章では，オキシトシンという特定のホルモンを取り上げ，進化の考えがホルモンを理解するうえで大切だということを述べた．ここでは，ホルモン全体について，もう少し，話を広げていこう．
　医学では，甲状腺の異常によるグレーブス病（バセドウ病）や副腎皮質の異常によるアジソン病など，内分泌器官の異常による病気の記載から内分泌学が始まった．ここでは分子としてのホルモンという観点から話を始めたい．

3.1　セクレチンの発見とホルモンという用語

3.1.1　セクレチンの発見
　2章の中で，デールがドイツからイギリスに戻った後，ベイリスとスターリングのもとで，イヌの膵臓を取りだす実験を手伝ったと書いたが，この2人は内分泌学の歴史の中で，真っ先に取り上げなければならない人物である．
　クロード・ベルナール（Claude Bernard）が「内部環境（milieu intérieur, internal environment）」という言葉を使い，内部環境の重要性を指摘した．副腎や甲状腺などの血管の分布が多い器官が何かを分泌しているだろうと考えられ，膵管によって膵液が十二指腸へ分泌される外分泌に対して，「体内へ」という意味で，当時は internal secretion という用語が内分泌を示していた．University College London の生理学の教授であったシェーファー（E. A. Schaefer）もそのような考えをもっていた．彼は共同研究者と副腎の抽出物によって血圧が上昇し，脾臓が収縮することを，キモグラフを使って（2章でデールが使ったのと同じ手法で）示し，導管なしに何らかの物質が体内に分泌されると考えていた．そんな彼は，1899年に突然，エジンバラへ生理学科の学科長として転じた．その後任となったのがスターリングで，弱冠

3.1 セクレチンの発見とホルモンという用語

32歳で教授になる．スターリングは既に末梢血管における循環の研究で名を成していた．ここで，姉の結婚相手であり，すでにこの大学に教育ポストを得ていたベイリスという良き（実験大好き）共同研究者を得て，2人はいろいろな実験を行うことになる．

1902年にベイリスとスターリングは，イヌを使って消化過程における神経系の関与を確かめるための実験を行っていた．幽門括約筋が緩んで酸性の食物塊が胃から十二指腸へ送られると，膵臓から消化酵素を含んだ膵液の分泌が起こる．当時，今では条件反射で有名なパブロフ（I. Pavlov）が，十二指腸壁への刺激が求心性の迷走神経によって脳へ送られ，これを受けて遠心性の迷走神経が膵液の分泌を促している，という神経支配のみの図式を唱えていたので，その追試である．彼らは，膵臓への神経入力をすべて絶ったのちでも，十二指腸に酸性刺激を与えると，膵液の分泌が起こることを発見する[*3-1]．膵液の分泌は，神経だけで制御されているのではなかったのである[3-1]．

この実験結果は，十二指腸からの何らかの因子が血流に乗って膵臓に運ばれ，膵液の分泌を促していることを示している．そこで，十二指腸壁の組織を掻きとり，塩酸を加えて摩砕し，濾しとった液を，麻酔をかけたイヌの静脈に注射したところ，膵液の分泌が起こったのである．ベイリスとスターリングは，この因子にセクレチン（secretin）という名前を与えた．

1905年にスターリングは，Croonian Lectures of the Royal College of Physiciansに招かれ，「On the chemical correlation of the functions of the body」というタイトルで4回の連続講演を行い，このなかで，初めてホルモン（hormone）という用語を使用した．ギリシャ語の動詞hormao（英語でexcite，arouseの意味）からとったものである．この語は，スターリングがCambridge大学の生物学者の友人ハーディーに夕食に招かれたときに，

[*3-1] パブロフは，ベイリスとスターリングの実験を追試して，実験結果が正しいことを確認する．しかしながら，パブロフは1904年に「消化の生理学」でノーベル生理学・医学賞を授与されて行った受賞講演では，セクレチンについてまったく触れなかった．この後，パブロフは条件反射の研究に方向転換をしている．

新しく見つかった物質に新しい名前が必要だという点で意見が一致し，その席にいたギリシャ語の詩を専攻する同僚からのヒントをもとにしたらしい[3-1]．講演の中では続けて，「ホルモンは，ある組織（あるいは器官）から血中に分泌され，血液中を流れて，他の組織あるいは器官に作用を及ぼす物質」と定義し，当時すでに知られていた副腎髄質から分泌されるアドレナリン（次節で述べる）をも含む化学的なメッセンジャーとしてのホルモンの立ち位置を明確にした．こうして，ホルモンという用語が英語の中に取り入れられるとともに，ホルモンという化学的な信号分子が血中を通って他の組織や器官に作用し，その働きを制御する，という枠組みが作られたのである[3-2]．

3.1.2 動物実験と実験動物という避けられない問題

ベイリスとスターリングはイヌを実験動物として使ったが，ビクトリア女王の統治下だった当時のイギリスには，女王自身も含めて，生きた動物を使った実験に対する反発があり[3-3]，さまざまな議論の後に，1876年に動物愛護法（Cruelty to Animal Act）が施行された．この法律では，医学生に対するデモンストレーション実験や麻酔した動物に対する生理学的な実験など，場合に応じて免許（Certificate）が発行され，その範囲で教育や研究が行われていた．そんな折の1903年に，ベイリスは反生体実験団体から，医学生の前でイヌを使った残酷な実験を演示した疑いで告発を受ける．演示した実験はまさにイヌの膵臓からの膵液分泌に関するものだった．2人のスウェーデン人の女性活動家が他大学の医学生となり紛れ込んで，イヌは無麻酔で苦しんでいたと団体の機関紙に書いたのである．ベイリスもスターリングも，聴講生が60人もいたので，紛れ込んだのがわからなかったらしい．

ベイリスはすぐに機関紙発行の責任者に対して，不当な文書を出版した旨の裁判を起こし，法廷で争われることになった．図3.1は，この裁判の過程で行った演示実験の再現写真である．ベイリスの前の手術台にはイヌが緊縛されているのが見える．法廷にはデールが証人として出廷し，イヌは麻酔されていたこと，実験終了後，すぐにオートプシーされて膵臓を摘出されたこ

3.1 セクレチンの発見とホルモンという用語

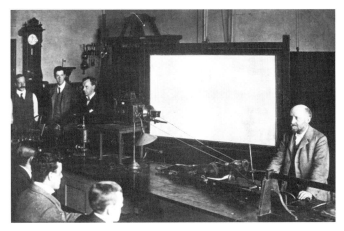

図3.1　1903年の実験の再現写真
こちらを向いた人物は，右からベイリス，少し離れてスターリング，デール，左端は技術員（University College London Archives より）

とを証言した．いろいろと経緯があったがベイリスは勝訴する．ベイリスは損害賠償金として得た2000ポンドを，大学で生理学を学ぶものへの奨学金に使っている．

ことはこれで終わらなかった．反生体実験団体は，この時使われた茶色いテリア犬の銅像を1906年に建立する．ところが，その銘板に書かれた文言に反発した医学部学生が銅像を壊そうとし，これに対して警官が銅像を守るという事態に発展する．銘板には次のように記されていた．「（前略）Also in Memory of the 232 dogs Vivisected at the same place during the year 1902. Men and Women of England, how long shall these Things be?」

さらに，1907年には学生の大規模なデモ行進がロンドン市内で行われ，反対派と警官隊を巻き込んだ衝突に発展する．これら一連の騒動を「ブラウン・ドッグ事件（The brown dog affair）」という．その結果，1910年にこの銅像はひそかに取り壊された（後年，別の場所に別の銅像が建てられるが）[3-4]．

ブラウン・ドッグ事件は，教育・研究活動に実験動物を使うことに対する示唆を含んだ事件である．その後2000年代に入っても，イギリスでは動物

3章 ホルモンとは何か

愛護団体が動物飼育施設に侵入したり，壊したりという事件が起こっている．日本でもそのような情勢を受け，飼育設備の改善と動物実験を申請・許可制にする取り組みが行われ，現在では，動物実験は研究者が所属する機関に申請書により申請し，動物実験委員会で申請書を審査して承認を受けるのが原則である．

3.1.3　セクレチンの本体

ベイリスとスターリングの実験では，十二指腸の酸抽出物に膵液の分泌を促進する効果が認められたことを示しただけで，抽出物の実体が解明されたわけではないし，十二指腸のどこから分泌されるのかが明らかになったわけでもない．当時の生化学的な技術レベルでは仕方がないことである．

もちろん現在では，セクレチンは十二指腸の腸腺（腸小窩とも腸陰窩とも呼ぶ）にあるS細胞でつくられるアミノ酸27個のペプチドホルモンであることがわかっている．オキシトシンの場合と同じように，翻訳直後はアミノ酸121個のプレプロホルモンとして産生され，シグナルペプチド（18個）を切り離したプロホルモンとなり，スペーサーと呼ばれる8個のホルモンとC末端側の64個のペプチドを切り離して，最後に27個のセクレチンになる．数が合わないのは，4つのアミノ酸RとGKRは，酵素による切断とアミド化に必要な部位だからである．セクレチンはC末端のバリンがアミド化されている（**図 3.2**）．

単離して結晶化することが難しいのか，現在のところセクレチンの立体構

```
MAPRPLLLLL LLLGGSAARP APPRARRHSD GTFTSELSRL REGARLQRLL   50
QGLVGKRSEQ DAENSMAWTR LSAGLLCPSG SNMPILQAWM PLDGTWSPWL  100
PPGPMVSEPA GAAAEGTLRP R                                121

HSDGTFTSEL SRLREGARLQ RLLQGLV-NH₂
```

図 3.2　ヒトの翻訳直後のプレプロホルモン（上）と完成したセクレチン（下）の一次構造
下線部の18アミノ酸配列がシグナルペプチド，二重下線部がセクレチン．太字のRとGKRは酵素による切断部位．

造は明らかになっていない．類似性を手掛かりにしたモデルでは図 3.3 のような構造をしていると推定されている．この分子はセクレチンの C 末端側のバリンがアミド化されておらず，55 番目のグリシンが付加した形になっている．

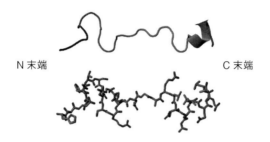

図 3.3　完成したセクレチン（His28 から Gly55）

オキシトシンのところで述べたように，セクレチンが作用を発揮できるのは受容体があるからである．セクレチンの受容体は膵臓の外分泌部の房心細胞（腺房の内腔を占める膵管の細胞）の細胞膜にあり，セクレチンの刺激は cAMP をセカンドメッセンジャー（詳細はこの章で後述）とするシグナル伝達系に伝えられる．この刺激により房心細胞は重炭酸イオンを含む水分の多い膵液を分泌する．この重炭酸イオンが胃液の高い酸性を中和して十二指腸内を中性にし，消化酵素が働ける環境にする．

念のために，アミノ酸 440 個で構成される，ヒトのセクレチン受容体の一次構造を図 3.4 に載せておく．立体構造は明らかにはなっていない．

膵液には，上で述べた重炭酸イオンを含む水分の多い膵液以外に，消化酵素を多く含むものがある．こちらの方はコレシストキニン（CCK）によって分泌が促進される．CCK は十二指腸内壁の細胞（I-cell）で産生され，血流を介して膵臓に作用する．ちなみに CCK は，以前は CCK-PZ と呼ばれていた．これは，膵臓へ働いて消化酵素を分泌させるパンクレオザイミン（PZ）と，胆嚢に働いて胆汁を分泌させる CCK が，別のホルモンとして発見され，それぞれ，その作用から名前が付けられたが，後に両者は同じペプチドホル

```
MRPHLSPPLQ QLLLPVLLAC AAHSTGALPR LCDVLQVLWE EQDQCLQELS  50
REQTGDLGTE QPVPGCEGMW DNISCWPSSV PGRMVEVECP RFLRMLTSRN 100
GSLFRNCTQD GWSETFPRPN LACGVNVNDS SNEKRHSYLL KLKVMYTVGY 150
SSSLVMLLVA LGILCAFRRL HCTRNYIHMH LFVSFILRAL SNFIKDAVLF 200
SSDDVTYCDA HRAGCKLVMV LFQYCIMANY SWLLVEGLYL HTLLAISFFS 250
ERKYLQGFVA FGWGSPAIFV ALWAIARHFL EDVGCWDINA NASIWWIIRG 300
PVILSILINF ILFINILRIL MRKLRTQETR GNEVSHYKRL ARSTLLLIPL 350
FGIHYIVFAF SPEDAMEIQL FFELALGSFQ GLVVAVLYCF LNGEVQLEVQ 400
KKWQQWHLRE FPLHPVASFS NSTKASHLEQ SQGTCRTSII 440
```

図 3.4 ヒトのセクレチン受容体の一次構造
下線部の 22 アミノ酸配列がシグナルペプチド，7 か所の
二重下線部は膜貫通部分．

モンであることが判明したので CCK-PZ と呼ばれ，さらに先に見つかった CCK に統一されたのである．膵臓に働く場合は CCK という名前は適切ではない気がするが，膵臓外分泌部の腺房細胞にも作用するので，あながち的外れでもない[3-5]．CCK はアミノ酸 33 個からなり，十二指腸内のペプチド，アミノ酸，脂肪酸が刺激となって分泌が促される．

セクレチンは脊椎動物で見つかる胃腸ホルモン（gastrointestinal hormones）の 1 つだが，グルカゴン（glucagon），胃抑制ペプチド（GIP），血管作動性腸ペプチド（VIP）とともに，セクレチンファミリーを形成している．ここでいうファミリーとは，分子進化の上から見て起源を同じくするタンパク質という意味である．いずれもセクレチンと同じタイプの GPCR（3.5 節で述べる）を受容体としている．

3.2 アドレナリンの発見

スターリングの連続講演のところでふれたように，アドレナリンはセクレチンより前に高峰譲吉と助手の上中啓三によって発見されていた．彼らはウシの副腎から 1900 年にアドレナリンを抽出することに成功し，1901 年には結晶化に成功している．アドレナリンは結晶化された最初のホルモンである（図 3.5）．

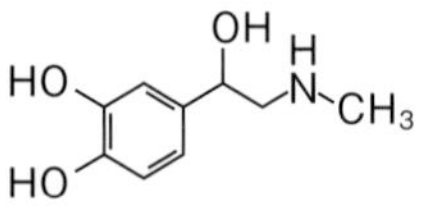

図 3.5 アドレナリン分子

こうして発見されたアドレナリンは，すぐさま

合成され,医薬品(止血剤)として手術の際などに便利に使われるようになる.

アドレナリンはアミノ酸のチロシンから生合成される(図 3.6).アドレナリンは主として副腎髄質から分泌されているが,その前駆分子であるノルアドレナリン(noradrenalin)もアドレナリンのおよそ 6 分の 1,さらにはわずかだがドーパミンも分泌される.

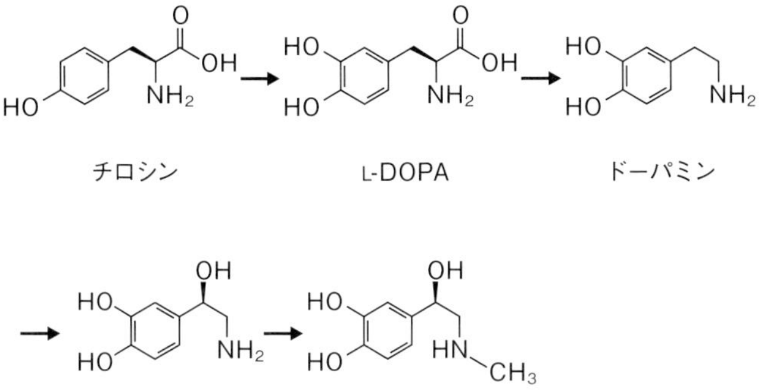

図 3.6　アドレナリン生合成の代謝経路

アドレナリンとノルアドレナリンは,自律神経のうちの交感神経(sympathetic nervous system)節後ニューロンが放出する神経伝達物質でもある.さらに脳にも,アドレナリンとノルアドレナリンを神経伝達物質とするニューロン群が存在する.

アドレナリンはペプチドホルモンではないが細胞膜を通過できず,細胞膜に存在する受容体に結合する.アドレナリンがさまざまな作用を現すことに対応して,アドレナリン受容体には多数の種類がある.ヒトでは大きく分けると α と β に分けられ,さらに α は $\alpha 1$ と $\alpha 2$ に分けられ,それぞれに 3 種,β には $\beta 1$ から $\beta 3$ までの 3 種のサブタイプが存在する(合計 9 つ!).アドレナリンが肝臓に働いて,グリコーゲン分解を促進するのは,$\beta 2$ 受容体を介してである.この受容体のアミノ酸配列は図 3.7 のとおりで,立体構造もわかっている(図 3.8).

3章 ホルモンとは何か

```
MGQPGNGSAF LLAPNGSHAP DHDVTQERDE VWVVGMGIVM SLIVLAIVFG  50
NVLVITAIAK FERLQTVTNY FITSLACADL VMGLAVVPFG AAHILMKMWT 100
FGNFWCEFWT SIDVLCVTAS IETLCVIAVD RYFAITSPFK YQSLLTKNKA 150
RVIILMVWIV SGLTSFLPIQ MHWYRATHQE AINCYANETC CDFFTNQAYA 200
IASSIVSFYV PLVIMVFVYS RVFQEAKRQL QKIDKSEGRF HVQNLSQVEQ 250
DGRTGHGLRR SSKFCLKEHK ALKTLGIIMG TFTLCWLPFF IVNIVHVIQD 300
NLIRKEVYIL LNWIGYVNSG FNPLIYCRSP DFRIAFQELL CLRRSSLKAY 350
GNGYSSNGNT GEQSGYHVEQ EKENKLLCED LPGTEDFVGH QGTVPSDNID 400
SQGRNCSTND SLL 413
```

図3.7　ヒトのβ2アドレナリン受容体の一次構造
7か所の二重下線領域は膜貫通部分.

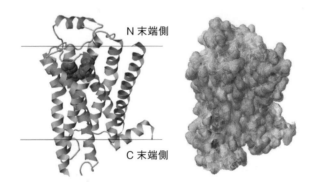

図3.8　ヒトβ2アドレナリン受容体（リボン構造で表示）と結合したリガンド
二本の線は，細胞膜のおよその位置を示す．右は分子表面を表示．この構造は受容体とリゾチームのキメラタンパク質の結晶をX線回折により作製しているが，リゾチーム部分は筆者が図から消去している．（PDB　2rh1）

　アドレナリン受容体は，交感神経の節後ニューロンが支配している心臓，腸管などの内臓，平滑筋，血管など多種類の細胞に発現していて，さまざまなアドレナリンの働きを仲介している．

　肝臓の糖代謝とアドレナリンの関係を研究していたサザーランド（E. Sutherland）は，アドレナリンが作用を現すためには，細胞内につくられる別の因子を介していることを見つけ，その因子が環状アデノシン一リン酸

（cAMP）であることを明らかにする[3-6, 3-7]．こうしてホルモンが膜タンパク質に結合すると，細胞内にセカンドメッセンジャーがつくられ，これが細胞内で働くという図式が確立する．

アドレナリンは，単離・構造決定された最初のホルモンであるとともに，最初にホルモンの作用機構を明らかにする道を開いたホルモンでもある．

3.3　ホルモンの発見 ―性ステロイドホルモンの場合―

性に関するホルモンの研究は，上の2つよりも少し時代をさかのぼる．1849年にベルトールド（A. Berthold）は若いニワトリを去勢すると，成長しても雄ニワトリに特有の鶏冠(とさか)が発達せず，トキの声を上げなくなることを確かめ，この個体に精巣を移植すると，雄の特徴が回復することを見出した[3-8]．彼は「精巣が血液に働きかけ，血液が全身に作用する」と言い，ここに内分泌学の最初の一歩を見ることができる．

ベルトールドの実験結果はあまり注目されなかったが，その後，思わぬ形で日が当たることになる．ベルトールドの実験から40年後，ハーバード大学の教授だったブラウン・セカール（C.-E. Brown-Séquard）は72歳になった1889年に，モルモットとイヌの精巣の抽出物を自分の皮下に注射したところ，元気回復，精力絶倫となったことを，パリの学会で発表する[3-9]．ブラウン・セカールはちょっと変人のような感じがする人なのだが（若いころはともかく），この発表で俄然(が)，この注射（Elixir of Life, 命の妙薬と呼ばれた）は注目を浴び，世界中でいろいろな病気の治療に使われた．もちろんのこと，うまくいくと思われた注射による治療は悲惨な結果に終わり（今から考えれば当然だが），やがて妙薬は忘れ去られていった．ベルトールドの研究を踏まえて，まともな研究の方法を模索していたら違った結果を生んだであろうに，と思うがブラウン・セカールの年齢を考えるともう無理だったのだろう．

さらにおよそ40年後，ブラウン・セカールの失敗を手本に（したかどうかは定かではないが），地道にコツコツと抽出と注射の実験を行ったのは，シカゴ大学のコッホ（Fred Koch）だった．地の利を生かして（シカゴには食肉のためのウシの屠場(とじょう)があった）18 kgのウシの精巣を手に入れ，学生た

ちの手を借りて有機溶媒で抽出し,1927年にそこから20 mgの抽出物を得ることに成功する.彼はこの抽出物を,賢明にも自分ではなく去勢しておいたニワトリに注射して,2週間後にはすっかり雄らしくなって,トキの声を上げることを確認する.研究室にトキの声が鳴り響いたそうだ.こうして精巣から,雄を雄らしくする成分が物質として手に入ったのである.

1930年代に入ると,大手の製薬会社が抽出物の純化に真剣に取り組むようになり,ついにステロイドホルモンの第1号としてエストロン(estrone)が(妊婦の尿から抽出した),さらにテストステロン(testosterone)が結晶化され,コレステロールからの合成にも成功する.これらの功績により1939年にブテナント(A. F. J. Butenandt)とルジチカ(L. Ruzicka)にノーベル化学賞が授与される.

図3.9の六員環3つと五員環が縮合した構造をステロイド骨格といい,ステロイド骨格にメチル基に加えてヒドロキシ基やケトン基のような官能基(図3.10の矢印の酸素原子を含む基)が付いたものをステロイドホルモンと総称する.おもなステロイドホルモンに,テストステロン,エストラジオール17β (estradiol 17β),プロゲステロン(progesterone)(以上,性ステロイ

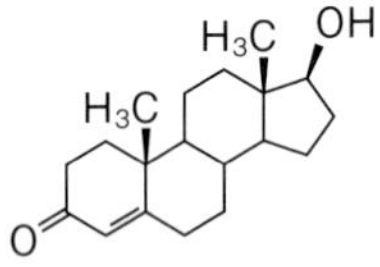

図3.9 テストステロンの分子式

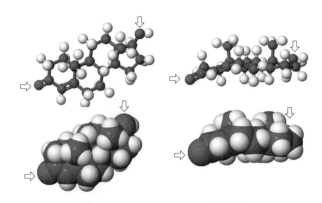

図3.10 テストステロンの立体構造
矢印は酸素原子を指す.

ドホルモン），コルチコステロン（corticosterone），コルチゾル（cortisol），コルチゾン（cortisone）（以上，グルココルチコイド），アルドステロン（aldosterone）（ミネラルコルチコイド）がある．

ホルモンが働くために受容体が必要なのは，ステロイドホルモンでも同じであるが，次に述べるようにステロイドホルモンの受容体は細胞表面ではなく細胞内のサイトソルに存在するので，ステロイドホルモン受容体について詳しくは後述する（3.6節）．

3.4 ホルモンの種類

前の節で，19世紀末から20世紀初頭にかけて行われた3つのホルモンの発見物語を紹介したが，この3つはまさにホルモンの化学的な性質を代表している．ホルモンの種類を述べるときは，「甲状腺ホルモン」というように，分泌する器官（組織）で分けることがあるが，ここではまずは化学的な性質で分けることにする．つまり上の3つの①ペプチドホルモン，②アミン系ホルモン，③ステロイドホルモンである．これらを少し拡張して，①に分子量の大きなタンパク質ホルモン，②にアミノ酸誘導体である甲状腺ホルモンのチロキシンを加えると，ほぼすべてのホルモンを網羅することになる．

化学的性質によって分類するとなぜ便利かというと，ホルモンの作用機序と素直につながるからである．①から③を表にすると**表 3.1**のようになる．

表 3.1にある「細胞内での作用機構」については後で触れることにして，ホルモンを化学的な性質で分けると，受容体が細胞膜にあるホルモンA）と細胞内（サイトソルあるいは核内）にあるものB）に分けられる．A）に属するホルモンは親水性（hydrophilic）の性質をもつので，細胞膜を通過できない．そのため，これらのホルモンの受容体は細胞膜に埋め込まれていて，結合部位を細胞外にパラボラアンテナのように出している．一方，B）に属するホルモンは，疎水性（hydrophobic）あるいは脂質親和性（lipophilic）なために細胞膜を通過でき，受容体は細胞内にある（**図 3.11**）．

いずれにしても，特定の細胞（これを標的細胞と呼ぶ）にホルモンが働きかけることができるのは，その細胞に受容体が発現しているからである．

3章 ホルモンとは何か

表3.1 化学的性質によって分類したホルモン

化学的性質		受容体の位置	細胞内での作用機構	
①ペプチド・タンパク質ホルモン		細胞膜	セカンドメッセンジャー産生	(A)
②アミン系ホルモン	アドレナリン	細胞膜	セカンドメッセンジャー産生	
	チロキシン	細胞内	DNAに働き転写調節	(B)
③ステロイドホルモン*		細胞内	DNAに働き転写調節	

＊最近の研究[3-10]では，エストロゲンに対する膜タンパク質受容体が見つかっている

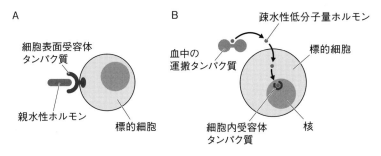

図3.11 ホルモンの化学的性質による受容体の位置の違いを示す模式図
A：親水性のペプチドあるいはタンパク質ホルモン，B：低分子量の疎水性ホルモン．（MBoCより改変）

　ホルモンを整理するときには，どこで産生されているかで分類しておくことも必要になる．大まかには，アドレナリンのように特定の内分泌器官で産生される場合と，セクレチンのように他の機能をもつ器官の中の細胞や組織で産生される場合に分けられる．表にしてまとめてみよう．これはヒトの場合で，他の動物には必ずしもすべてが当てはまらない．この点に関しては後で順次述べる．

　表3.2にある内分泌器官を図3.12に示す．

3.4 ホルモンの種類

表 3.2 産生場所によって分類したホルモン

●内分泌器官として明瞭なもの		
視床下部		GnRH, TRH, CRH, GHRH, ソマトスタチン, MCH, GnIH
下垂体	腺葉（前葉）	LH, FSH, TSH, POMC（ACTH, リポトロピン, エンドルフィン）, 成長ホルモン, プロラクチン
	中葉	MSH
	神経葉（後葉）	オキシトシン, バソプレシン
甲状腺	本体	チロキシン, トリヨードチロニン
	傍濾胞細胞	カルシトニン
副甲状腺		パラトルモン
副腎	皮質	アルドステロン, コルチゾル, DHEA
	髄質	アドレナリン, ノルアドレナリン
膵臓	ランゲルハンス島	インスリン, グルカゴン, ソマトスタチン, PP
生殖腺（精巣）	ライディッヒ細胞	テストステロン
	セルトリ細胞	AMH, インヒビン
生殖腺（卵巣）	卵胞顆粒膜細胞	エストラジオール
	黄体	プロゲステロン
松果体		メラトニン
●必ずしも内分泌器官ではないもの		
心臓		ANP, BNP
胸腺		チモシン
消化管	胃	ガストリン, グレリン
	十二指腸	セクレチン, CCK, モチリン, VIP, GIP（インクレチン）
	小腸（回腸）	エンテログルカゴン, ペプチド YY
	肝臓	インスリン様成長因子（IGF）
胎盤		hCG, hPL, エストロゲン, プロゲステロン
腎臓	傍糸球体装置	レニン（酵素だがアンギオテンシンとの関連で）
尿細管間細胞		エリスロポエチン
近位尿細管		1,25αジヒドロキシコレカルシフェロール
脂肪組織		レプチン, アディポネクチン

3章　ホルモンとは何か

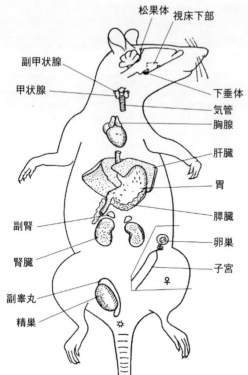

図 3.12　ラットの内分泌器官
（『内分泌現象』裳華房より）

　図 3.12 は日本比較内分泌学会の創始者であり，初代会長の小林英司先生の著書『内分泌現象』に載っているもので，小林英司先生が執筆されていたころ，大学院生であった筆者が描いた図である．ターナー（C. D. Turner）とバグナラ（J. T. Bagnara）の "General Endocrinology" にあるヒトの内分泌器官を参考に，ラットに置き換えて描いてと依頼されたのであるが，ラットには胆嚢がないことを知らず（マウスにはある）胆嚢を描きこんでしまい，大いに恥をかき，かつ小林先生にご迷惑をおかけした（再版では訂正されている）．それで自戒を込めて，初版のものを再掲する．なお，再掲に当たって，胆嚢は消去した（小林先生，ごめんなさい）．

60　■ ホルモンから見た生命現象と進化シリーズ

3.5 ホルモンの作用のしくみ —膜タンパク質受容体を介して—

スターリングが講演の中で述べたように，ホルモンは他の組織あるいは器官（標的器官）に働きかけて，標的器官の働きを制御するのだから，ホルモンが受容体に結合したら，なんらかの作用を細胞内に引き起こすはずである．図 3.11 ではさらっと描いてあるが，これが結構，複雑である．順番に解きほぐしていこう．

表 3.1 にあるように，水溶性ホルモンは細胞膜を通過することができないので，細胞膜に埋め込まれた膜タンパク質受容体と結合する（図 3.11A）．オキシトシン，セクレチン，アドレナリンのところで述べたように，これらの受容体には共通した構造と作用機序がある．膜を 7 回貫通していることと，G タンパク質と共役していること，である．そのため，これらの受容体は G タンパク質共役受容体（GPCR）とか 7 回膜貫通型受容体（seven-transmembrane domain receptor）と総称され，大きなタンパク質ファミリーを構成している．

ホルモンは，図 2.11 に描かれているように細胞外へ伸びた N 末端側のアミノ酸配列と 3 本のループ状に張り出したアミノ酸配列が形成するポケットに結合する．受容体によって当然，このポケットの形が異なるために，ホルモンと受容体は「鍵と鍵穴」の関係が成立する．ホルモンによっては，ポケットが細胞膜の中に潜り込んだようなもの（図 3.8）や，最近構造が明らかになったグルカゴン受容体のように，上側に覆いがあって抱え込むように結合する形（図 3.13）のものもある．

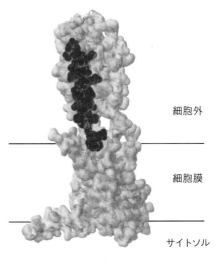

図 3.13　グルカゴン受容体
濃い灰色がグルカゴン．（PDB 1gcn, 4ers, 4l6r より構成）

3章 ホルモンとは何か

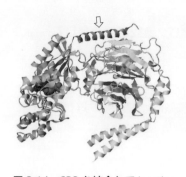

図3.14 GDPを結合して inactive な状態のGタンパク質
矢印の意味は本文を参照.（PDB 1gg2）

ホルモンがGPCRに結合すると，7本のαヘリックス膜貫通部分の立体構造が変わり，これに連動してサイトソル側に突き出た部分の構造も変わる．その結果，細胞膜からサイトソル側にぶら下がったGタンパク質を活性化する．Gタンパク質は図3.14で描いたような構造をしている．細胞膜からぶら下がっている部分は描かれていないが，矢印で示したαヘリックスの右端が上に伸び，細胞膜を構成する脂質と結合している．ちなみにGタンパク質は正式にはグアニンヌクレオチド結合タンパク質（Guanine nucleotide-binding protein）だが，今や略称で呼ぶのがふつうである．Gタンパク質は図の左から順にGα，Gβ，Gγの三量体であるが，GβとGγは強く結合していて，行動を共にする．

さて，話を戻そう．Gタンパク質が活性化すると，Gαは結合していたGDPを放出し代わりにGTPが結合する．GTPはGDPよりリン酸が1つ分長いので，Gαの一部が張り出し（図3.15），Gβ・Gγ複合体を押し出すようにして2つに分かれ，Gαは細胞膜にぶら下がったまま，滑り出して刺激する相手を探し，これを刺激する．その相手は，3.2節（アドレナリンの節）の最後に述べたサザーランドの発見したcAMPをATPから作り出す酵素アデニル酸シクラーゼである．

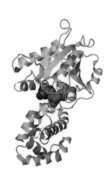

図3.15 GTPを結合してactiveな状態になったGαサブユニット
本来は細胞膜からぶら下がっている．右側の張り出しに注目.（PDB 1gia）

Gαは周囲にある複数のアデニル酸シクラーゼを活性化することができる．そのため，ここで第一段目の増幅がなされることになる．GTPはGαの働きによってやがてGDPに変換され，Gαはおとなしくなって再

び Gβ・Gγ 複合体を見つけて結合する．

活性化したアデニル酸シクラーゼ（これも細胞膜からぶら下がっている）は，サイトソルにたくさんある ATP を次々に cAMP に変換する（図 3.16）．

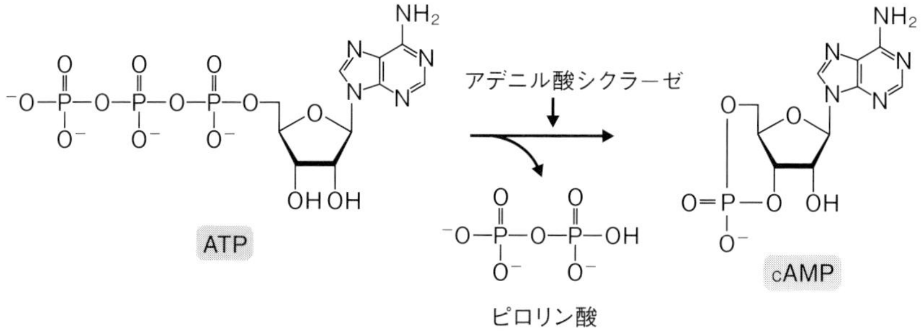

図 3.16　アデニル酸シクラーゼによる cAMP の産生

こうして第二段の増幅が起こることになる．このように，1 つのホルモンが受容体に結合すると，サイトソル内には多数の cAMP がつくられる．ちょうど，静かな池に小石を 1 つ投げ込むと，水面に起こったさざ波が同心円状に広がって，水面に浮かんだ多数の落ち葉を上下させるような感じである．このような過程をシグナル伝達（signal transduction）と呼び，cAMP のようにホルモンによって細胞内に二次的につくられた信号分子をセカンドメッセンジャーと呼んでいる（図 3.17）．

図 3.17　セカンドメッセンジャー，cAMP

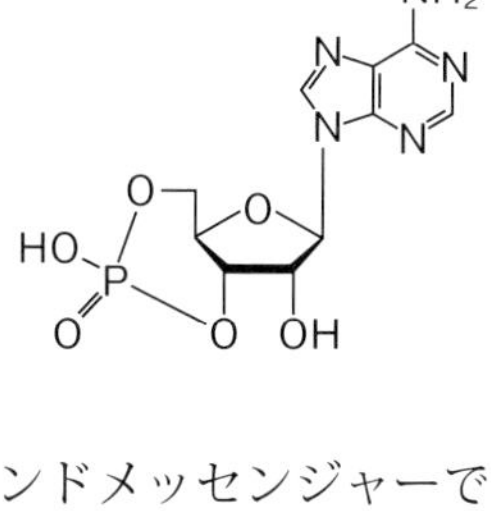

アドレナリンが受容体に結合してから，セカンドメッセンジャーである cAMP がつくられるまでの過程を，増幅を考えずに一つの経路だけを取り出して描いたものが図 3.18 である．

3章　ホルモンとは何か

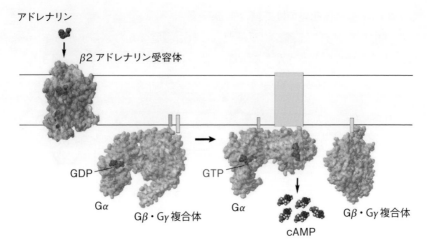

図3.18 アドレナリンが受容体に結合してからセカンドメッセンジャーの cAMP が細胞内に作られるまでの過程を描いた模式図
（PDB 2rh1，1gg2，1cul より構成）

　Gタンパク質も大きなタンパク質ファミリーを形成していて1種類だけではないので，話は複雑になる．実は，Gタンパク質が関係するシグナル伝達には，セカンドメッセンジャーが cAMP 以外にもう1つある．それはイノシトール三リン酸（IP_3）をセカンドメッセンジャーとする経路である．

図3.19 セカンドメッセンジャー，イノシトール三リン酸（IP_3）

　IP_3 は細胞膜の成分であるホスファチジルイノシトールから生成される．細胞膜は，グリセロールの2つの水酸基と二本の長い脂肪酸がエステル結合したジアシルグリセロール（DAG）の尾部と，残りの水酸基がリン酸とエステル結合をし，さらにこのリン酸にコリンのような親水性の分子が結合した頭部からなるホスファチジルコリンのような分子が集合して，二層に並んだ脂質の二重膜である．このコリンの代わりにイノシトールがリン酸に結合したものがホスファチジルイノシトールである．

3.5 ホルモンの作用のしくみ

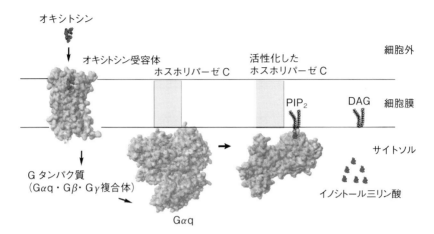

図3.20 オキシトシンが受容体に結合してからセカンドメッセンジャーの IP_3 が細胞内に作られるまでの一連の過程を描いた模式図
PDB 4mqs, 3ohm, 1djx より構成．ただしオキシトシンの受容体の立体構造のデータはないのでムスカリン受容体を使っている．なお膜タンパク質の配置は次のサイトで確認した．
http://opm.phar.umich.edu/protein.php?pdbid=3ohm

ホスファチジルイノシトールのイノシトール部分にリン酸が2つ付加されてホスファチジルイノシトール二リン酸（PIP_2）になった後，つけ根のリン酸もろともに切り離されたものが IP_3 である（**図3.19，図3.20**）．細胞膜内にはジアシルグリセロールが残ることになる．この切断を触媒する酵素がホスホリパーゼC（PLC）で，アデニル酸シクラーゼの時と同じように，この酵素を活性化するのがGタンパク質である．

そうするとGタンパク質は2つの酵素を活性化するの？というと，そんなことはない．Gタンパク質のαサブユニットには種類があって，使い分けられている．それをまとめると**表3.3**のようになる．

表3.3 Gタンパク質αサブユニットによる反応の違い

αサブユニット	標的酵素と作用	セカンドメッセンジャー
Gs（$G\alpha_s$）	→ アデニル酸シクラーゼを活性化	→ cAMP ↑
Gi（$G\alpha_i$）	→ アデニル酸シクラーゼを抑制	→ cAMP ↓
Gq	→ ホスホリパーゼCを活性化	→ IP_3 ↑, Ca^{2+} ↑

受容体によって活性化できるGタンパク質が異なっているのである．ちなみに，これまで出てきたセクレチン受容体，アドレナリンβ2受容体はGsを構成要素とするGタンパク質と結合して活性化し，2章で出てきたオキシトシン受容体とCCK受容体は，Gqを構成要素とするGタンパク質と結合して活性化して，それぞれの標的酵素を活性化する[*3-2]．

セクレチンの作用は膵臓の房心細胞に作用して膵液の分泌を促すことだし，オキシトシンの働きは乳腺平滑筋を収縮させて乳汁の射出を促すことだった．それではセカンドメッセンジャーは，どのような方式でホルモンのこれらの作用を実現しているのだろうか．cAMPとIP_3では実現方式が異なるので，順番に説明していこう．

3.5.1　セカンドメッセンジャーは何をするのか ─cAMPの場合─

細胞のサイトソル中に増加したcAMPは，プロテインキナーゼA（PKA；Aキナーゼともいう．cAMP依存タンパク質リン酸化酵素のこと）と結合して，この酵素をリン酸化して活性化する．プロテインキナーゼAは2つの調節サブユニットと2つの触媒サブユニットが会合したヘテロ四量体で，四量体のときはキナーゼの活性を示さない．調節サブユニットにはcAMP結合部位が2つあり，合計4つのcAMPが結合すると，調節サブユニットは2つの触媒サブユニットを解放し，それぞれの触媒サブユニットは酵素活性を示すようになる（図3.21）．

活性化した触媒サブユニットは，標的となる酵素タンパク質のセリンないしトレオニンをリン酸化して，標的酵素を活性化する．活性化した酵素タンパク質は，次の酵素タンパク質をリン酸化して活性化するという連鎖反応が起こる．

四量体のPKAは，足場タンパク質の役割をするAキナーゼアンカータン

[*3-2] ここでは詳しく触れないが，受容体にはアセチルコリン受容体のうちのニコチン受容体のように，イオンチャネルとリンクしたものがある．生理学では，Gタンパク質共役受容体のようなホルモン受容体をメタボトロピック受容体，イオンチャネルとリンクした受容体をイオノトロピック受容体と呼んでいる．

3.5 ホルモンの作用のしくみ

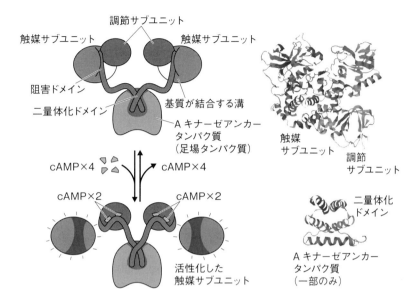

図 3.21 左：Aキナーゼアンカータンパク質に結合した四量体のcAMP依存タンパク質リン酸化酵素（Aキナーゼ）が，4つのcAMPと結合して活性化する模式図
右上：触媒サブユニットと調節サブユニット二量体の立体構造（PDB 3tnp）．右下：二量体化ドメインとAキナーゼアンカータンパク質の一部（PDB 2h9r）．左上では，阻害ドメインの一部が触媒サブユニットの基質が結合する溝に入り込んでいるのがわかる．(Leninger, Principle of Biochemistry 6th Ed. より改変)

パク質（AKAP）に結合している．AKAPはプロテインキナーゼAの調節サブユニットのN末端にある二量体化ドメインと結合して，プロテインキナーゼAを細胞内の特定の場所につなぎ留め，反応を細胞内の特定の場所で起こるようにしている．これまでAKAPは10種類以上，見つかっていて，AKAPの中には，プロテインキナーゼAの調節サブユニットの結合部位だけではなく，さらに多くのタンパク質の足場になっているものがある．

たとえば，AKAP5はプロテインキナーゼAに加えて，アドレナリン$\beta 2$受容体，アデニル酸シクラーゼ，カルシニューリン（カルシウム・カルモジュリン依存性フォスファターゼ）などの足場タンパク質として，これらのタンパク質を結合し，さらに細胞膜の内側と結合して，全体として複合体を形成

3章 ホルモンとは何か

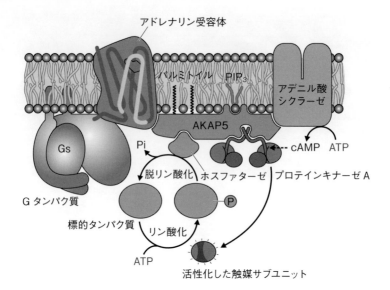

図3.22 Aキナーゼアンカータンパク質5（AKAP5）によって，機能的なラフトが構成されている模式図
（Lehninger's Principle of Biochemistry より改変）

している．そのため，受容体にアドレナリンが結合すると，アデニル酸シクラーゼに Gα を介して信号が伝わり，産生された cAMP はすぐそばにある PKA の調節サブユニットに高い濃度で伝わるために，調節サブユニットは触媒サブユニットを解放し，リン酸化を行うことができる．

　こうして，ホルモンが受容体に結合すると，その信号は細胞内へセカンドメッセンジャーである cAMP の濃度の増加という形で伝わる．cAMP の濃度の増加は PKA を活性化して触媒サブユニットを解放し，触媒サブユニットは次の標的タンパク質をリン酸化して活性化し，活性化した標的タンパク質は次の標的タンパク質をリン酸化して活性化し，という連鎖反応が起こり，細胞内では増幅されて情報が伝わっていく．これらの反応に関与するタンパク質は，バラバラにあるのではなく，アンカータンパク質によって特定の場所につなぎ留められているので，一連の反応は細胞の特定の場所で起こることになる．

一方,PKA の触媒サブユニットは核内に移行して,cAMP 応答配列結合タンパク質(CREB)をリン酸化して活性化すると,CREB は転写調節因子として DNA の特定の領域(CRE)に結合して下流のタンパク質をコードする遺伝子の転写の調節を行っている.

3.5.2　セカンドメッセンジャーは何をするのか ― IP_3 の場合―

IP_3 の場合はもう少し複雑である.サイトソル中に生成された IP_3 は,小胞体の膜に埋め込まれた Ca^{2+} チャネルでもある IP_3 受容体に結合する.すると,チャネルが開き,小胞体内に蓄えられていた Ca^{2+} が濃度の低いサイトソルに出てくる.この Ca^{2+} が特定のタンパク質と結合してさまざまな役割を果たす.Ca^{2+} もセカンドメッセンジャーである.

オキシトシンが作用する平滑筋では,サイトソルに出た Ca^{2+} はカルモジュリンと結合して,ミオシン軽鎖キナーゼ(MLCK)を活性化する.カルモジュリンはサイトソルに多数あって,**図 3.23 左**に示すように N 末端側と C 末端側に 2 つのふくらみをもつ鉄亜鈴(ダンベルのこと)のような形をしている.両方の膨らみに 2 つずつ,合計 4 つの Ca^{2+} を結合できる.Ca^{2+} を結合すると,カルモジュリンは活性化して立体構造が変化し,標的タンパク質(多くの場合,リン酸化酵素)を包み込むように結合して,酵素を活性化する.平滑筋の場合は MLCK になる(**図 3.23 右**).

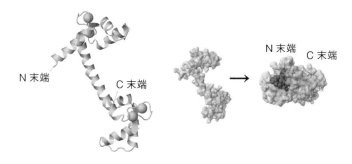

図 3.23　カルモジュリンの構造
左:4 つの球は Ca^{2+}.右:活性化して標的酵素のごく一部である α ヘリックス(充填模型で示している)を抱え込んでいるところ.(PDB 1cll と 1cdl より構成)

3章 ホルモンとは何か

活性化した MLCK は平滑筋細胞内に散在するミオシンの頭部を構成する軽鎖をリン酸化し，その結果，ミオシン頭部はアクチンと結合できるようになり，平滑筋は収縮する．

バソプレシン，生殖腺刺激ホルモン放出ホルモン（GnRH），甲状腺刺激ホルモン放出ホルモン（TRH）などが作用する細胞では，Ca^{2+}はサイトソルに存在するプロテインキナーゼ C（PKC）[*3-3]と結合する．結合した PKC は細胞膜面に移動し，ホスホリパーゼ C により IP_3 が切り離されて細胞膜内に残った DAG（図 3.20）と結合する．その結果，プロテインキナーゼ C は活性化され，プロテインキナーゼ A と同じように標的タンパク質のセリン，トレオニンをリン酸化して，これを活性化する．こうして，ホルモンの情報は細胞内へ伝えられる（図 3.24）．

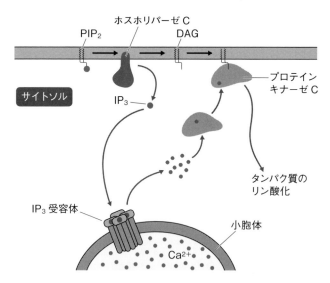

図 3.24 IP_3 がサイトソルで作用をあらわす模式図

[*3-3] ヒトでは 10 種類以上のアイソザイムが見つかっており，これらは活性化に必要なセカンドメッセンジャーの違いにより在来型（conventional あるいは classical，DAG と Ca^{2+} が必要），新型（novel，DAG のみ），非典型（atypical，いずれも必要としない）の 3 つのサブファミリーに分類される．ここでは在来型について記述している．

Ca^{2+} とカルモジュリンの結合体は，MLCK 以外にも多数のキナーゼを活性化する．これらのキナーゼは，Ca^{2+}／カルモジュリン依存性キナーゼ（CaM-kinase）と総称される．CaM-kinase は，さまざまな標的タンパク質をリン酸化して，細胞内の情報伝達に関与している．CaM-kinase の中には，転写を調節するタンパク質（たとえば前述の CREB タンパク質）をリン酸化して，転写調節を行うものもある．

3.6　ホルモンの作用の仕方 ―細胞内受容体を介し転写調節因子として―

　図 3.11B にあるように，疎水性低分子量ホルモン（ステロイドホルモン，甲状腺ホルモンであるチロキシン，トリヨードチロニン）は細胞膜を通過して直接，サイトソルに入ることができるので，これらのホルモンは，サイトソルにある受容体と結合し，最終的には核に移行して転写調節因子として働く．そのためこれらの受容体を核内受容体（nuclear receptor）と総称している．

　核内受容体は共通した分子構造を有しており，核内受容体スーパーファミリーを構成している．図 3.25 に，N 末端から C 末端までのドメインの配置と，具体的な例としてエストロゲン受容体 α の構造を示している．DNA 結合ドメイン（DBD）とリガンド結合ドメイン（LBD）はわかっているが，N 末端ドメイン，ヒンジ領域，C 末端ドメインの立体構造はわかっていない．

　N 末端ドメイン（A/B 領域）には，リガンドの種類にかかわらず転写活性能をもつ AF-1 領域が存在する．DNA 結合ドメイン（C 領域）には 2 か所のジンクフィンガーがあり，DNA のホルモン応答エレメント（HRE）に結合する．D 領域はヒンジ領域とも言い，蝶番で柔軟に動くように DBD と LBD を結合している．

　リガンド結合ドメイン（E 領域）には α ヘリックスが多く存在し，この部分にリガンドと結合するポケットが存在する．C 末端ドメイン（F 領域）には，リガンドに依存して転写活性能が現れる AF-2 領域が存在する．

　リガンドが LBD に結合すると，コンフォメーションが変わり，受容体が二量体になって DNA の HRE に結合できるようになる．さらに，コアクチベー

3章　ホルモンとは何か

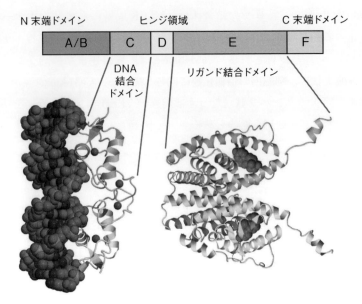

図3.25　核内受容体の共通構造と，立体構造が明らかになっているヒトのエストロゲン受容体αのDNA結合ドメイン（PDB 1hcq）およびリガンド結合ドメイン（PDB 1a52）
両方のドメインで二量体になってDNAに結合する．DNA結合ドメイン中の4つの球は亜鉛イオン．

ターやコリプレッサーもLBDに結合できるようになる．

　核内受容体は，サイトソルにあるときは分子シャペロンの1つである熱ショックタンパク質（HSP）のうちのHSP90と結合していて不活性な状態にある．サイトソルに入ったステロイドホルモンがLBDに結合すると，HSP90が受容体から離れ，受容体は核内に移行して二量体となり，**図3.25**にあるようにDBDのジンクフィンガーでHREに結合できるようになる．

　図3.25のヒトのエストロゲン受容体αの一次構造は以下の通りである（**図3.26**）．

　図3.26のN末端側の二重下線部分の両端にある4つのシステイン（C）で亜鉛イオンをキレート結合してループ構造をつくり（P-Box），間を置いた次の二重下線部分でも4つのシステインで亜鉛イオンを結合してループ構

```
MTMTLHTKAS GMALLHQIQG NELEPLNRPQ LKIPLERPLG EVYLDSSKPA  50
VYNYPEGAAY EFNAAAAANA QVYGQTGLPY GPGSEAAAFG SNGLGGFPPL 100
NSVSPSPLML LHPPPQLSPF LQPHGQQVPY YLENEPSGYT VREAGPPAFY 150
RPNSDNRRQG GRERLASTND KGSMAMESAK ETRYCAVCND YASGYHYGVW 200
SCEGCKAFFK RSIQGHNDYM CPATNQCTID KNRRKSCQAC RLRKCYEVGM 250
MKGGIRKDRR GGRMLKHKRQ RDDGEGRGEV GSAGDMRAAN LWPSPLMIKR 300
SKKNSLALSL TADQMVSALL DAEPPILYSE YDPTRPFSEA SMMGLLTNLA 350
DRELVHMINW AKRVPGFVDL TLHDQVHLLE CAWLEILMIG LVWRSMEHPG 400
KLLFAPNLLL DRNQGKCVEG MVEIFDMLLA TSSRFRMMNL QGEEFVCLKS 450
IILLNSGVYT FLSSTLKSLE EKDHIHRVLD KITDTLIHLM AKAGLTLQQQ 500
HQRLAQLLLI LSHIRHMSNK GMEHLYSMKC KNVVPLYDLL LEMLDAHRLH 550
APTSRGGASV EETDQSHLAT AGSTSSHSLQ KYYITGEAEG FPATV    595
```

図3.26 ヒトのエストロゲン受容体αの一次構造
二重下線で示す2か所のジンクフィンガーモチーフを含む部分でDNAと結合する．下線部がリガンド（ホルモン）結合ドメイン．

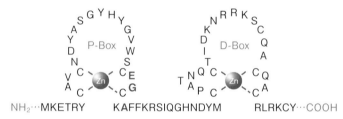

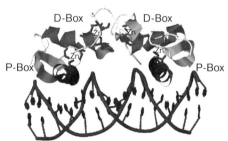

図3.27 ジンクフィンガーモチーフがつくるループ構造
下の図はこうしてできたαヘリックス構造がDNAのHREの主溝に入り込んでいるところ．（Nuclear Receptor Resourceより）

造（D-Box）をつくる（**図3.27**）．エストロゲン受容体の場合は，同じものが二量体となり（ホモダイマー），この特異的な構造によって形成されるαヘリックス部分の張り出しがHREに結合する（**図3.27**，**図3.25**も参照）．

3章 ホルモンとは何か

このジンクフィンガーモチーフは，核内受容体スーパーファミリーでよく保存されている．

ホルモン・受容体複合体は，その他のコアクチベーターも加わって，プロモーターに結合している基本転写因子と結合して，下流の遺伝子の転写を開始させる．HRE があれば下流の遺伝子を発現させるので，同じステロイドホルモンが多数のタンパク質の発現を誘導できることになる．

図 3.28 に 3 つのホルモンの HRE を示した．グルココルチコイドとエストロゲンの HRE はパリンドローム（回文）構造で，この場合はホモダイマーが逆向きに結合する．一方，甲状腺ホルモンの HRE は同方向で，この場合はヘテロダイマー（2 つの異種の受容体が二量体を形成）が同じ向きに結合する．甲状腺ホルモンの場合は，レチノイド受容体とヘテロダイマーを形成する．

グルココルチコイド
5′ AGAACAnnnTGTTCT 3′
3′ TCTTGTnnnACAAGA 5′

エストロゲン
5′ AGGTCAnnnTGACCT 3′
3′ TCCAGTnnnACTGGA 5′

甲状腺ホルモン
5′ AGGTCAnnnnAGGTCA 3′
3′ TCCAGTnnnnTCCAGT 5′

図 3.28　主な低分子疎水性ホルモンの HRE
n は ATCG のどれでもよい．

3.7　膜にあるもう 1 つのホルモン受容体

3.5 節で cAMP と IP_3 をセカンドメッセンジャーとする G タンパク質共役受容体について述べたが，じつはもう 1 つ，別の膜タンパク質受容体を介して作用するホルモンがある．それはインスリンである．プロラクチン（PRL）と成長ホルモン（GH）もそうだが，ここではインスリンを例にする．

インスリン受容体は，1 回膜貫通型の膜タンパク質で，受容体型チロシンキナーゼ（Receptor tyrosine kinase，チロシンキナーゼ型受容体とも言う）の一種である．受容体型チロシンキナーゼにはたくさんの種類があるが，共

通した構造は分子の中ほどにαヘリックスの細胞膜貫通部分があり,そこから細胞の外に伸びた領域にリガンド結合部分,サイトソルに伸びた領域にチロシンキナーゼ活性を有する部位が存在する(**図3.29**).

インスリンが結合すると受容体は近づいて二量体となり,その結果,立体構造が変化してサイトソルに突き出た部分にあるチロシンキナーゼが活性化され,お互いに相手の鎖にある3つ

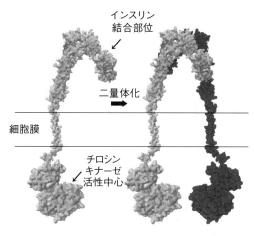

図3.29 インスリン受容体の構造模型
(PDB 3loh, 2mfr, 1irk より構成)

のチロシン残基をリン酸化する.ループ上にある3つのチロシン残基がリン酸化されると,活性中心をふさいでいたこのループが動いて標的タンパク質が結合できるようになり,結合した標的タンパク質のチロシン残基をリン酸化する.

以下,**図3.30**を見ながら説明する.①最初にリン酸化されるのはインスリン受容体基質1タンパク質(IRS-1)で,リン酸化されて活性化し,PI_3キナーゼを活性化する.② PI_3キナーゼは細胞膜中のPIP_2をリン酸化してPIP_3にする.③このPIP_3のリン酸を認識して結合したプロテインキナーゼB(PKB)は,やはりPIP_3と結合しホスホイノシチド依存性キナーゼ1(PDK1;図には描かれていない)によって活性化され,グルコーストランスポーター(GLUT)4を含む小胞を細胞膜の方へ移動させて,細胞膜と融合させる.

こうして受容体にインスリンが結合したという情報は,最終的にGLUT4を細胞膜に埋め込むように働き,その結果,骨格筋(心筋も)と脂肪組織の細胞はグルコースを取り込んで,血糖値を下げる.④さらにプロテインキナー

3章 ホルモンとは何か

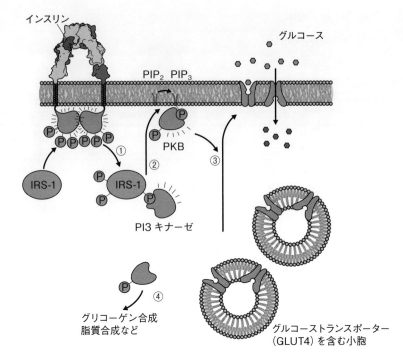

図3.30 インスリンが骨格筋細胞膜のインスリン受容体に結合してから
グルコースが取り込まれるまでの過程の模式図

ゼBは，取り込んだグルコースを処理する代謝系（グリコーゲン合成経路や脂質合成経路など）の活性化も行っている．

3.8 ホルモンの分泌調節機構

3.5節〜3.7節で，ホルモンがどのように作用を現すかを述べてきたが，それではホルモン自身はどのように分泌を調節されているのだろうか．これまで述べてきたことからわかるように，細胞がアクションを起こすのは，他からの刺激によってである．ホルモン産生細胞に刺激を与える入力方法は，3つに分けることができる（図3.31）．

（1）2章で述べたように，オキシトシンの血中への分泌は，神経的な刺激

3.8 ホルモンの分泌調節機構

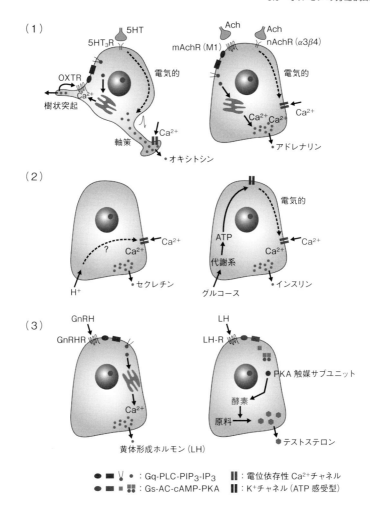

図 3.31 ホルモン産生細胞が刺激を受けてホルモンを分泌する方式を示す模式図

が視床下部にあるオキシトシン産生ニューロンに伝えられることによっておこる（図 2.8）．オキシトシン産生ニューロンが受けた入力は電気的な信号に変えられて軸索を伝導し，軸索末端で Ca^{2+} の流入を起こし，これが軸索末端にあるオキシトシンを含む顆粒のエキソサイトーシスを促す．

このような神経による分泌が調節されるもう一つのホルモンに，副腎髄質のクロム親和性（クロマフィン）細胞から分泌されるアドレナリン（とノルアドレナリン）がある．クロマフィン細胞は，交感神経の節前神経が分泌するアセチルコリンによって刺激を受ける．アセチルコリンが受容体に結合した後は，オキシトシンの場合と同じように Ca^{2+} 流入によりアドレナリンを含む小胞のエクソサイトーシスが起こり分泌される．

このように，分泌細胞への神経入力によって分泌が調節される場合がある．

（2）セクレチンの分泌は，十二指腸内に胃から酸性の消化物が入ってきたことによって起こると書いたが，十二指腸内の H^+ の濃度が高まり酸性に傾くと（pH 2 から 4.5），腸腺にある S 細胞はセクレチンを分泌する．そのメカニズムは完全にはわかっていないが，おそらく H^+ が H^+ チャネルを介して細胞内に流入し，その結果，電気的変化が起こって電位依存性 Ca^{2+} チャネルが開き，Ca^{2+} イオンが細胞内に流入してセクレチンを含む小胞をエクソサイトーシスによって放出させると思われる．

膵臓の B 細胞では，グルコースの血中濃度が高くなると GLUT2 を通ってサイトソルにグルコースが運び込まれ，これが代謝系による ATP の産生を亢進させる．すると ATP 依存性の K^+ チャネルが閉じるために脱分極が起こり，電位依存性 Ca^{2+} チャネルが開いて Ca^{2+} イオンが細胞内に流入し，その結果，インスリンを含む小胞のエクソサイトーシスを促すことになる．

このように，分泌細胞周囲のイオンや分子の環境の変化によって，ホルモンの分泌が調節される場合がある．

（3）ホルモンがホルモンの分泌を促す．視床下部の神経分泌ニューロンが GnRH を下垂体門脈系に放出すると，これが下垂体腺葉（前葉）にある生殖腺刺激ホルモン産生細胞（LH 産生細胞と FSH 産生細胞）の受容体と結合し，3.5 節で述べたように Gq を介してサイトソルの Ca^{2+} の濃度を上昇させる．その結果，ホルモンを含む顆粒のエクソサイトーシスが促される．

こうしてみてくると，ステロイド産生・分泌は別として，ホルモンの分泌の最終段階は本質的には同じやり方で実現していることがわかる（**図 3.31**）．黄体形成ホルモン（LH）は，雄の場合は，精巣の間細胞（ライディッヒ細胞）

の受容体に結合し，Gs を介してステロイド産生の酵素系のスイッチを入れる．その結果，テストステロンが合成され，そのまま細胞から血中へ分泌される．

　このようなつながりを一つのシステムと考えて，視床下部－下垂体－生殖腺軸（HPG axis）と呼んでいる．実際に HPG axis はシステムとして機能し，最終産物であるテストステロンは負のフィードバックにより上位のユニットのホルモン産生を制御している．また最上位の視床下部では，キスペプチンが GnRH の分泌を制御し，レプチンやインスリンが正の刺激を，グレリンやオレキシンが負の刺激を入力している（図 3.32）．

　HPG axis 以外に，視床下部－下垂体－甲状腺軸および視床下部－下垂体－副腎軸が存在する．

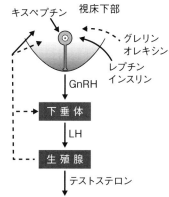

図 3.32　視床下部－下垂体－生殖腺軸（Hypothalamo-pituitary-gonad axis）
実線は正，点線は負の刺激．

3 章引用文献

3-1) Henderson, J. (2005) J. Endocrinol., **184**: 5-10.

3-2) Starling, E. H. (1905) Lancet, **166**: 339-341.

3-3) Tansey, E. M. (1998) Adv. Physiol. Educat., **19**: S18-S33.

3-4) https://en.wikipedia.org/wiki/Brown_Dog_affair

3-5) Konno, K. (2015) Histochem. Cell Biol., **143**: 301-312.

3-6) Rall, T. W., Sutherland, E. W. (1958) J. Biol. Chem., **232**: 1065-1076.

3-7) Sutherland, E. W., Rall, T. W. (1958) J. Biol. Chem., **232**: 1077-1092.

3-8) Berthold, A. A. (1849) Arch. Anat. Physiol. Wissensch., **16**: 42-46.
　(Translated into English) Quiring, D. P. (1944) Bull. Hist. Med., **16**: 399-401.

3-9) Brown-Séquard, C.-É. (1889) Lancet, **137**: 105-107.

3-10) Norman, A. W. (2004) Nat. Rev. Drug Discov., **3**: 27-41.

4. 進化の観点（系統発生）から ホルモンを俯瞰する

3章では，ホルモンの化学的な性質の違いから生じるホルモンの作用のしくみを，ホルモン－ホルモン受容体－細胞内で起こることを順に説明して，ホルモンによってそれぞれ違いがあることを述べた．この章では，2章を受けて，そうしたシステムが，どのように進化してきたのかを考えてみよう．2章の最後で，さまざまな脊椎動物の視床下部における神経分泌ニューロンの分布の違いをもとに，オキシトシン（およびその関連ペプチド）のもともとの役割を推定した．それでは，ホルモンそのものはどのように進化してきたのだろうか．この点を考えながら，進化をキーワードとしてホルモンを俯瞰して，その痕跡を探ってみよう．

4.1　脊椎動物におけるオキシトシンとバソプレシンの進化

オキシトシンとバソプレシンのアミノ酸配列が明らかになると，さまざまな脊椎動物の後葉ホルモンの探索が始まり，すぐにそのアミノ酸配列が明らかになった．2章の最後で述べた，産生ニューロンの配置の違いだけでなく，ホルモン分子そのものも脊椎動物のグループの中で異なっている．UniProtKB にリストアップされている，脊椎動物のオキシトシンとバソプレシン，およびその同類ペプチドをまとめてみると，**図 4.1** のとおりである．

これらのペプチドホルモンは，**図 2.4** と **図 2.5** で示したものと同じ形状をしており，太字で示した 1, 5, 6, 7, 9 番目のアミノ酸はすべて共通である（例外はアフリカヒキガエル）．さらに，8 番目のアミノ酸が中性アミノ酸であるオキシトシン（およびその関連ペプチド）と，8 番目のアミノ酸が Arg か Lys の塩基性アミノ酸であるバソプレシン（と関連ペプチド）に大別できる．8 番目のアミノ酸の違いは受容体との結合に関連していると考えられる．脊

4.1 脊椎動物におけるオキシトシンとバソプレシンの進化

オキシトシン（と同類ペプチド）
Cys Tyr Ile Gln **Asn Cys Pro** Leu **Gly**-NH₂ オキシトシン；哺乳類，Spotted ratfish
Cys Tyr Ile Gln **Asn Cys Pro** Pro **Gly**-NH₂ プロ8-オキシトシン；新世界サル，ツパイ
Cys Tyr Ile Gln **Asn Cys Pro** Ile **Gly**-NH₂ メソトシン；哺乳類と魚類以外の脊椎動物
Cys Tyr Ile Gln Ser **Cys Pro** Ile **Gly**-NH₂ セリトシン；アフリカヒキガエル
Cys Tyr Ile Ser **Asn Cys Pro** Ile **Gly**-NH₂ イソトシン；硬骨魚類全般
Cys Tyr Ile Asn **Asn Cys Pro** Leu **Gly**-NH₂ アスパルトシン；サメの一種
Cys Tyr Ile Gln **Asn Cys Pro** Val **Gly**-NH₂ バリトシン；サメの一種
Cys Tyr Ile Ser **Asn Cys Pro** Gln **Gly**-NH₂ グルミトシン；エイの一種
Cys Tyr Phe Asn **Asn Cys Pro** Val **Gly**-NH₂ ファスバトシン；ハナカケトラザメ
Cys Tyr Ile Asn **Asn Cys Pro** Val **Gly**-NH₂ アスバトシン；同上

バソプレシン（と同類ペプチド）
Cys Tyr Phe Gln **Asn Cys Pro** Arg **Gly**-NH₂ アルギニン-バソプレシン；哺乳類
Cys Tyr Phe Gln **Asn Cys Pro** Lys **Gly**-NH₂ リシン-バソプレシン；ブタ，有袋類
Cys Phe Phe Gln **Asn Cys Pro** Arg **Gly**-NH₂ フェニプレシン；有袋類
Cys Tyr Ile Gln **Asn Cys Pro** Arg **Gly**-NH₂ バソトシン；哺乳類以外の脊椎動物

図4.1 脊椎動物のオキシトシン／バソプレシン・スーパーファミリー
太字は共通しているアミノ酸を示す．

椎動物は，いずれもこの2種類のホルモンをもっている．

図4.1のアミノ酸配列をもとに，近隣結合法でオキシトシンとバソプレシンおよびそれらの同類ペプチドの系統関係を描いたのが図4.2である．

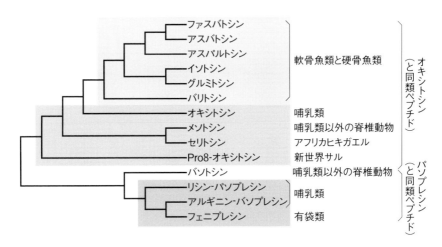

図4.2 脊椎動物のオキシトシン／バソプレシン・スーパーファミリーの系統関係
（MEGA6により近隣結合法で求めた）

4章 進化の観点（系統発生）からホルモンを俯瞰する

アミノ酸の数が9個と少ないので，精度が高いものは求められないが，傾向だけは読み取れる．無顎類（＝円口類）のヌタウナギとヤツメウナギではバソトシンしか見つからないので，今から5億年前に無顎類と顎口類が分岐した後に，顎口類の系統で遺伝子重複が起こり，その後，それぞれの遺伝子で分子進化が起こって図4.1にあるようなスーパーファミリーが形成されたものと考えられている．軟骨魚類でさまざまなオキシトシン同類ペプチドが生じていることに興味をひかれる．

アミノ酸9個では正確な分子系統樹が描きにくいので，プレプロホルモン

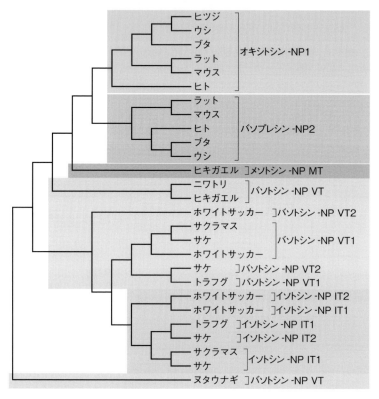

図 4.3　UnitProtKB に掲載されている脊椎動物 27 種のオキシトシン／バソプレシン・プレプロホルモンの系統関係
（MEGA6 により近隣結合法で求めた）

のアミノ酸配列がわかっている 27 種についても同じ手法で系統樹を描いてみた（アミノ酸配列データは省略，UniProtKB にて閲覧可能）（図 4.3）．ヌタウナギを外群としている．

図 4.2 と図 4.3 とを合わせて考えると，無顎類のバソトシンが遺伝子重複により硬骨魚類のバソトシンとイソトシンに分かれ，両生類（とおそらく爬虫類・鳥類でも）ではバソトシンとメソトシンになり，哺乳類になってオキシトシンとバソプレシンに進化したものと考えられる．

4.2　魚類のバソトシン，イソトシン

4.2.1　神経伝達物質としてのバソトシンとイソトシン

それでは，魚類のバソトシンとイソトシンはどのような作用を示すのだろうか．2 章の最後の方で述べたように，魚類ではイソトシンとメソトシン産生ニューロンは，視床下部で視索前核（NPO）を構成している（図 2.20）．ニジマスを使って免疫染色で染め分けて共焦点レーザー顕微鏡で観察すると，バソトシンニューロンとイソトシンニューロンは第三脳室に沿ってNPO 全体に分布していて，どちらのニューロンも下垂体神経葉へ軸索を伸ばし，かつ軸索側枝は広く視床下部を含む脳内に投射している[4-1]．ニューロンの細胞体部の大きさは腹側から背側に向かってだんだんと大きくなる傾向があり，イソトシンニューロンとバソトシンニューロンはそれぞれがクラスターをつくる傾向がある．

クラスターを形成しているこれらのニューロンの電気活動を調べてみると，3〜5 分の間隔でカルシウムイオンの増減による小さな自発的電位変化（パルス）が観察される．しかもこれらのパルスは図 4.4 で示すように，観察した視野にある 7 個のバソトシンニューロンと 8 個のイソトシンニューロンで同期している．ただし，その周期は異なっていて，イソトシンニューロンの方が長い．同期しているのはそれぞれ同種のニューロン間であり，異なる種類のニューロン間では同期は見られない[4-2]．

このことは，バソトシンニューロンとイソトシンニューロンが，それぞれ別個に神経ネットワークを形成し，異なる振動パターンを生成していること

4章 進化の観点（系統発生）からホルモンを俯瞰する

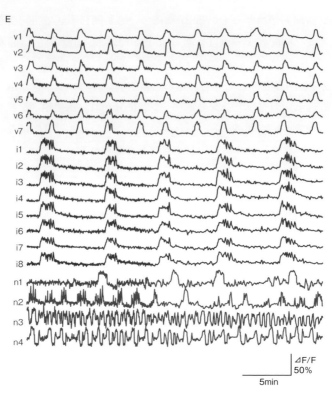

図 4.4 ニジマス視索前核のバソトシンニューロン（v1 − v7）とイソトシンニューロン（i1 − i8）の示すカルシウムイオン増減による電位変化の同期
n1 − n4 は通常のニューロン．（文献 4-2 より）

を示唆している．ニジマスそのものでは，この同期を生み出す要因は明らかになっていないが，2章の最後で述べたように，哺乳類で見られるような樹状突起や細胞体部からのバソトシンあるいはイソトシンの放出による同期が起こっているのではないかと考えられる．

これらのパルスは，浸透圧を変えると変化するので，生理学的なものだと考えられる．また，視索前核には2種のGnRH（サケGnRHとニワトリGnRH-II）ニューロンからの軸索の投射が認められるので，取り出した視索前核を含む脳に2種のGnRHを振りかけると，パルスの間隔が両方のニュー

ロンで小さくなる[43]．このことは，次に述べる繁殖に関係する行動に，バソトシンニューロンとイソトシンニューロンが関与していることを示唆する．

イソトシンとバソトシンは，魚類の繁殖にかかわるさまざまな行動や社会的な行動に関与していると考えられており，それを示す実験も多数報告されている[44]．この中には，掃除魚の一種であるホンソメワケベラの雌雄の間の共同掃除行動にイソトシンが関与しているというのもある[45]．しかしながら，実験に使われた魚の種によって結果が異なり，統一的な結論は出しにくいようである．研究者によって実験手法が異なることが大きな理由だが，そもそも魚類というグループが哺乳類や鳥類と比べて，早くから分岐してさまざまな方向に進化した大きなグループだという点も見逃せないようだ．

いずれにしても，バソトシンとイソトシンが中枢神経系で神経伝達物質として，繁殖行動や社会行動の発現に関与していることは間違いないと思われる．バソトシンニューロンとイソトシンニューロンは，魚類では原型に近いまま留まっているのではないだろうか．

4.2.2 ホルモンとしてのバソトシンとイソトシン

それでは下垂体神経葉から血中に分泌されたバソトシンとイソトシンは，魚類ではどのような働きをしているのだろうか．

魚類でもバソトシンは浸透圧調節に関与している．ただし，哺乳類のように腎臓における水の再吸収に作用するという方法ではない．

哺乳類ではバソプレシンは腎臓の集合管の細胞に V2R（バソプレシンの受容体の一つ，詳しくは 4.7 節で説明）を介して作用し，水の通り道であるアクアポリン（AQP）2 を細胞膜に埋め込んで水の再吸収を促進し，これによって体内の水分量を調節している．一方，魚類は水中生活をしているので，水に困ることはない．そのため浸透圧調節は，塩類（主としてナトリウムイオン）の取り込みあるいは排出を調節することにより行っている．淡水魚では，体内の浸透圧よりも周囲の淡水の浸透圧の方が低いために，水は体内に入り，塩類は体外へ移動する傾向がある．そのため，ナトリウムイオンを体内に取

り込み，保持する必要がある．

　最近になって，ナトリウム保持にバソトシンが関与している図式が，ようやく明らかになってきた．これまで疑問視されていたバソトシンの受容体V2の遺伝子が，条鰭類硬骨魚のメダカにもあることが示されたのである[4-6]．

　培養細胞にこの受容体の遺伝子を導入して発現させ，バソトシンを作用させると，cAMP系が活性化することも確かめられた．また，バソトシン受容体の抗体を作成し，免疫組織学的に腎臓を調べると，遠位尿細管[*4-1]後部と集合管が染まっていた．確かにバソトシン受容体が腎臓に存在していたのである．ここで問題となるのはアクアポリンである．条鰭類硬骨魚のゲノムにはアクアポリン2の遺伝子が存在しないことがわかっている．cAMPが働きかける相手は何者なのだろうか．

　そこで注目されたのがナトリウムイオン輸送体（サイアザイド感受性Na^+-Cl^-共輸送体）である．この輸送体は哺乳類では遠位尿細管に特異的に発現して，NaClの再吸収に働いている．条鰭類硬骨魚のメダカで調べてみると，ナトリウムイオン輸送体は腸と腎臓で発現しており，このナトリウムイオン輸送体遺伝子の上流のプロモーター領域に，cAMP応答エレメントが存在していた．さらに，バソトシン受容体とナトリウム輸送体遺伝子の発現（mRNAを測定）は，海水環境で飼育したメダカでは低く，淡水では高いことが示された．また，腎臓の集合管管腔膜上のナトリウムイオン輸送体そのものを蛍光免疫染色によって可視化して，その蛍光シグナル強度を淡水飼育下の個体と海水飼育下の個体で比較すると，淡水飼育個体では高いが，海水飼育個体では著しく低下していた[4-7]．

　これらの結果は，腎臓でバソトシンが受容体に結合して作用し，セカンドメッセンジャーであるcAMPを介してナトリウムイオン輸送体を活性化してNaClを取り込んでいることを強く示唆している．

＊4-1　尿細管は，動物学用語では細尿管とも腎細管ともいうが，ここでは尿細管を使うことにする．

同じ硬骨魚類の肉鰭類ではどうだろうか．乾燥期に繭をつくってその中にこもって夏眠するアフリカハイギョ（図 1.10 参照）で調べたところ，バソトシン受容体とアクアポリンの遺伝子が見つかった[4-8]．上記のメダカで行ったのと同様な手法で，実際にバソトシン受容体が機能していることが確かめられた．さらにアクアポリンの発現は夏眠の時にのみ起こり，乾燥への適応時に限って水の再吸収に働いていることが示唆された[4-9]．硬骨魚類の条鰭類と肉鰭類が分岐した後，バソトシン受容体とアクアポリンの関係が確立したものと考えられる．おそらく水中生活から陸上への前適応なのであろう．（さらに詳しくはシリーズ第Ⅴ巻を参照）．

イソトシンの方はどうだろうか．魚類でも，イソトシンは平滑筋収縮に関与しているようだ．イソトシンの作用を *in vitro* で調べた実験がある．ヨーロッパヘダイの卵巣白膜の平滑筋は，カルシウムイオン，アンギオテンシンⅡ（angiotensin），ウロテンシン（urotensin）Ⅱによって収縮する．ヘダイの卵黄形成期，退縮期，閉鎖期の卵巣から卵巣白膜を含む被膜を細長く切り出し，イソトシンを振りかけて収縮を調べたところ，卵黄形成期だけに規則的な収縮が認められた[4-10]．どうやら卵巣白膜の平滑筋は，エストロゲンに曝されるとイソトシンに反応できるようになるようだ．しかしながら，魚類ではイソトシンは哺乳類のオキシトシンのような目覚ましい作用はもたないようだ．

イソトシンの投与は，グッピーで卵胎生の稚魚の出産を早めるし[4-11]，ヨウジウオやタツノオトシゴの仲間では，雄の出産にイソトシンが関与している[4-12]．そのほか，多くの種で脳のイソトシン含量と産卵の間に正の関係があることが示されている．これらの結果は，イソトシンが直接，産卵に関係する器官に作用しているというよりは，主として中枢神経系を介して作用をあらわすことを示唆しているようだ．

4.3　陸上への進出とあいまって

陸上への進出には，多くの形態学的，生理学的な「武装」が必要だったに違いない．「武装」の中には，陸上での姿勢の保持と移動手段（鰭から足へ，

さらに指，補助器官としての尾），呼吸方法，皮膚の乾燥の防止，水の保持，浸透圧調節が含まれるだろう．このほかにも，免疫系，窒素代謝物の排出，聴覚や視覚，嗅覚といった感覚器官，それらを統御する脳にも相応な適応が必要だ．4.2.2 項の最後で述べたように，ハイギョの腎臓におけるバソトシンとアクアポリンの機能の接続は，まさにこの適応の1つであった．

　タンパク質の代謝の過程で生じるアミノ基由来のアンモニアは有毒なので，速やかに体外へ排出する必要がある．条鰭類魚類は水中生活をしているので，水によく溶けるアンモニアを直接，鰓から排出しているが，それができない場合は，アンモニアを肝臓で尿素か尿酸に変えて排出する（ただし，魚類でも軟骨魚類は尿素排出を行い，アフリカ産のハイギョは条件によって尿素排出を行うことができる）．水の保持と浸透圧調節に深く関わっているのは上で述べたように腎臓である．ここで腎臓の進化と窒素排出産物の違いについて述べておいた方が，これからの話の展開のためによさそうなので，ちょっと寄り道をしよう．

4.3.1　無脊椎動物の排出器官

　排出器官の最も原始的な形は原腎管（protonephridium）である（ゾウリムシの収縮胞は考えないことにして）．無体腔動物であるプラナリアに見られる原腎管は，体内の老廃物を炎（焔）細胞の繊毛の運動によって，スリットを通して管内に取り込み，原腎管を通して，直接，体外へ排出する（図 4.5A）．ここでは，老廃物の取り込みと排出は一体化している．

　次の段階は環形動物のミミズに見られる腎管（nephridium）で，こちらは体節ごとに一対あり，一端が腎口（nephrostome）と呼ぶ開口部となって隣接する体節の真体腔に向かって開き，老廃物を繊毛運動により集め，3回，曲折した腎管本体を通して，体外に排出している（図 4.5B）．真体腔内に老廃物を取り込んでいるのは，体腔を包む中胚葉由来の中皮細胞層から分化した足細胞（タコ足細胞ともいう，podocyte）である．したがって老廃物の取り込みと排出は一体化しておらず，間に体腔というバッファーが置かれていることになる．

4.3 陸上への進出とあいまって

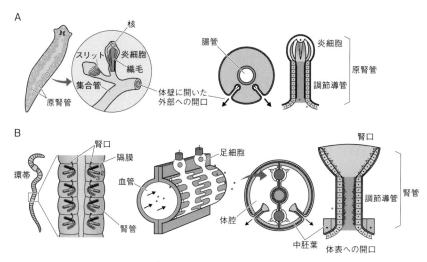

図 4.5 A) プラナリアの原腎管と B) ミミズの腎管

　足細胞からは複数の太い一次突起（primary process）が伸び，そこからさらに多数の細い足突起（pedicel）が出ている．隣り合う足細胞の足突起は，ちょうど指を組んで両手を合わせたように，しっかりと噛み合っている．この噛み合わさった足突起の間にはスリットと呼ばれる隙間があり，その間隔は一定に保たれている．このスリットにあるスリット膜が濾過の際のバリアの本体である．

　無脊椎動物と脊椎動物をつなぐ動物としてナメクジウオ（Amphioxus）がいるが，ナメクジウオにも腎管と呼ぶ構造があり，ミミズのものに似ている（**図 4.5B**）．2つの腎管が相同なのかどうかは不明であるが，働きや構造はよく似ている．

　一方，最近の研究では，プラナリアの原腎管にも脊椎動物のネフロンで発現している遺伝子と相同な遺伝子の発現があることが報告されている[4-13]．

　いずれにしても，体が小さい真体腔をもつ無脊椎動物は，老廃物を体腔へ排出し，そこから何らかの方法で体外へ排出する．この辺りのことは文献 4-14 に詳しく述べられている．

4.3.2 脊椎動物の排出器官，腎臓

脊椎動物では，進化に応じて，前腎（pronephros），中腎（mesonephros），後腎（metanephros）の3つの段階がある．

無顎類のヌタウナギやヤツメウナギでは，発生にともなって中腎にその機能が移行していくが，前腎も終生働く．前腎はミミズの腎管に似ていて腎口を体腔に開き，体腔内の老廃物を排出する．これとは別に，体腔に面して大きな糸球（glomus）が1つあり，ここで血液中の老廃物が体腔内へ濾しとられる（図 4.6A）．前腎では，背側大動脈の近くの中胚葉の細胞を足細胞に転用して，これを毛細血管網と合体させて糸球を形成している．この段階では，糸球と前腎はそれぞれ独立していて，両者は連携していない．これらの点はミミズの腎管とよく似ている．

魚類と両生類でも，発生の初期に前腎が現れるが（カエルの場合はオタマジャクシの時），やがて前腎は退化し，体軸に沿った後方に中腎が作られる．中腎は図 4.6B にあるように，糸球が糸球体となって中腎導管と融合し，腎口と併存するようになる．

羊膜類の爬虫類，鳥類，および哺乳類では，発生の過程で前腎，中腎が

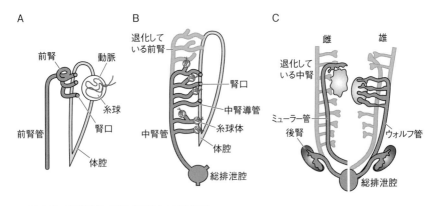

図 4.6 脊椎動物の腎臓の進化の模式図
A）前腎（無顎類，オタマジャクシ），B）中腎（魚類，両生類），C）後腎（爬虫類，鳥類，哺乳類）．膀胱は描かれていない．また成体の魚類と哺乳類に総排泄腔はない．
（文献 4-16 より改変）

出現するが，いずれも退化し，中腎の最も尾側に中腎管から新たに尿管芽（ureteric bud）が伸び出し，そこから後腎が形成される．発生にともない中腎は退化するが，雄では中腎管はウォルフ管となって輸精管に転用される（図4.6C）．

膨出した尿管芽が間充織細胞塊（後腎間葉組織と呼ぶ）へ侵入すると，この組織の働きかけによって尿管芽は分岐する．分岐した先端部分に間充織細胞が凝集すると，この間充織細胞塊は小胞を形成し，小胞を構成する細胞は上皮性の細胞となってＣ字形，ついでＳ字形の管となり，Ｓ字管の先端（Ｓの書き始めの部分）で尿管芽から分岐した管と連結する．やがてＳ字管の後半部分の凹みに血管内皮細胞が入り込んで糸球体となり，凹み部分はボーマン嚢になる．ワイングラスのような形となった凹み部分の外側の細胞層はボーマン嚢の外壁になり，内側は足細胞となって糸球体の血管表面に張り付く（図4.7）．尿管芽と連結したＳ字管の先端部分は長く伸びて近位尿細管，遠位尿細管となり，ネフロンが完成する．接続した尿管芽は集合管となる．

上に述べた発生にともなうネフロンの形成は，後腎間葉組織と尿管芽との相互の誘導の連鎖によって起こり，尿管芽は次々に分岐してネフロンの数を増やす．ヒトでは片側だけでネフロンの数は100万個にもなる[4-15]．

後腎では糸球体とボーマン嚢の組み合わせが新たに形成されるために，図4.6のＡやＢにあるように体腔との関係が不明瞭になっているが，尿管芽の先端に凝集した間充織細胞は中胚葉由来であり，それが上皮化して管となり，ボーマン嚢の外壁と足細胞を形成するので，見方によってはボーマン嚢の空所は小さな体腔とみなすことができる．

とすると，老廃物が糸球体の血管内皮細胞を通り，足細胞のスリットを抜け，ボーマン嚢腔へと濾しとられる方式は（図4.7），ミミズの腎管から脊椎動物の前腎へと連なる基本的な方式と根本的には違いがないように見える．図4.5Bの腎管の腎口と血管の周りにある足細胞を融合すればよいからである．

足細胞の足突起同士がつくるスリット膜（電子顕微鏡で観察すると膜状の構造が観察できる）の本体は，ネフリンと呼ぶ膜タンパク質同士のホモフィ

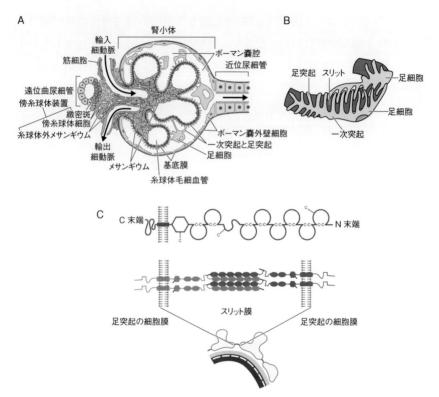

図4.7 A) 哺乳類のボーマン嚢の構造, B) 糸球体の毛細血管に張り付く足細胞, C) ネフリン分子

リック (homophilic) な結合による. これは細胞接着分子 (CAM) やカドヘリンが隣の細胞と接着するときと同じような方式である. ネフリンは, イムノグロブリンスーパーファミリーのもつSS結合でつくられるΩ形のIg様ドメインが8個つながった構造をしている (**図4.7C**).

興味深いことに, 真体腔動物の足細胞のつくるスリットは, どれも同じような構造をしていて[4-13], スリット膜にはネフリン (と関連タンパク質) が存在する. しかもこのネフリン分子は, 進化の過程でよく保存されている. イオンやグルコース, 分子量の小さな老廃物は, ネフリンの作る網の目を通過してボーマン嚢内に濾しとられるが, 血球や分子量の大きなタンパク質は

網の目を通過できないようになっている．さらにネフリンにはプロテオグリカンが結合して負に帯電しているので，アルブミンのように網の目の大きさギリギリのものなどは，分子表面が負に帯電しているので，はじかれるようになっている．

腎管の場合は，個体にとって必要な分子やイオンは，**図 4.5B** にある「調節導管」によって再吸収されるが，脊椎動物の場合は尿細管によって再吸収されることになる．

4.4　両生類のバソトシンとイソトシン

ここで尿細管に戻る．4.2.2 項で述べたように，淡水に棲む条鰭類硬骨魚では，糸球体から排出されたナトリウムイオンは，遠位尿細管後部と集合管でバソトシンの働きによって取り込まれる．水は近位尿細管で再吸収され，残りはそのまま体外に排出される．

半水棲型のトノサマガエルのような両生類の場合，オタマジャクシから成体に変態して陸に上がると，水辺に棲むにしても，水をどのように体内へ取り込み，保持するかが問題になってくる．カエルは口から水をゴクリと飲めない．その代わり下腹部の皮膚にアクアポリンが発現するようになる．つまりお腹で水を飲む．糸球体でボーマン嚢内に排出された水は，近位尿細管と集合管で再吸収され，さらに膀胱に溜めた水も膀胱の上皮を通して体内に戻している．この 3 つの水の摂取はそれぞれの臓器に特異的なアクアポリンによって行われており，バソトシンによって制御されている（バソトシン応答性でないアクアポリンも共存する）[4-17]．したがって無尾両生類では，後葉ホルモンであるバソトシンの働きによって，腎臓の集合管で水の再吸収が促進されていることになる．

後葉から分泌されるもう 1 つのホルモンであるメソトシンの働きは，よくわかっていない．

バソトシンとメソトシンを産生しているニューロンの脳内の分布が，有尾類のイモリとサンショウウオで，mRNA の発現を *in situ* ハイブリダイゼーションによる染色（この方法ではニューロン本体が染め出される）を指標に

して調べられている[4-18]．その結果によると，バソトシン産生ニューロンは魚類と同じように，脳内に広く分布している．一方メソトシン産生ニューロンは，ほぼ視索前核と視床腹側部に限られていた．

無尾類のアカガエルとアフリカツメガエルで，バソトシンとメソトシンそれぞれに対する抗体を使った染色による観察（この方法ではニューロン本体と軸索も染色される）でも，バソトシン産生ニューロンの方が脳内に広く分布し，メソトシン産生ニューロンは視索前核と分界条床核に認められ，その軸索は脳内に投射されていた[4-19]．

メソトシンは神経伝達物質としての働きの方が強いのかもしれない．

4.5　爬虫類，鳥類のバソトシンとメソトシン（胎盤をもたない羊膜類）

爬虫類と鳥類が両生類と大きく変わった点は，完全に水辺から離れて生活できるようになった点である．乾燥から身を守るために，形態学的にも生理学的にもさまざまな点が変化した．水辺から離れた場所で産卵して幼体を孵(かえ)すために，卵殻でおおわれた乾燥に強い卵を産むようになる．さらに，胚の発生にともなう窒素代謝物を閉鎖卵内に閉じ込めておくために，大量に水が必要な尿素では都合が悪いので，水に溶けない尿酸として排出して尿囊内に蓄えておけるように進化した．

爬虫類では，親の方も尿酸排出なので，ほとんど液体の尿を出さず，したがって飲水量も少ない．食物に含まれる水分と代謝によって生じる水（いわゆる代謝水）で必要量を賄っていける（フトアゴヒゲトカゲを飼っていたときは生きたコオロギを餌としたが，水は与えなかったことを思い出した）．

ネフロンはまだ，哺乳類のようにヘンレのループが存在せず，高浸透圧の尿をつくることはできない．オーストラリアに生息するアガマ科の生息環境の異なる3種の爬虫類を使った研究[4-20]では，バソトシンが腎臓に働いて抗利尿作用を現すことが示されている．生息環境の乾燥状態と腎機能の間には必ずしも関連はなく，基本的な機能は同じであった．水の保持機能は生息環境によっても変わりはなく，乾燥に対する適応は別の形質によっているのであろう．爬虫類に関する研究は少ないのが現状である．

4.5 爬虫類，鳥類のバソトシンとメソトシン（胎盤をもたない羊膜類）

　鳥類も尿酸排出動物であるので，尿量は多くはない．しかも飛翔への適応のため膀胱がない．

　糸球体からボーマン嚢腔内への原尿の濾過は血圧に比例する．脊椎動物の血圧は爬虫類まではそれほど高くないが，内温動物で心臓が二心房二心室になった鳥類と哺乳類で著しく上昇する（**図 4.8**）．そのためボーマン嚢へ排出される原尿量も増大する．鳥類ではネフロンに 2 種類あり，およそ 75 〜 85％が爬虫類タイプ，残り 15 〜 25％が哺乳類タイプである．爬虫類タイプのネフロンにはヘンレのループがないが，哺乳類タイプのネフロンには，近位尿細管と遠位尿細管を結ぶ中間部分が伸びて，それぞれ下行脚と上行脚となりループが形成される．血圧が高いために大量に排出された原尿は，髄質コーン（medullary cone）中を下行脚と上行脚と直細動脈（vasa recta）と呼ぶ血管が並走することにより，髄質コーンの浸透圧に応じて水が再吸収される．

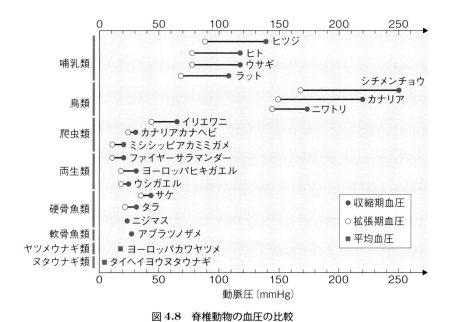

図 4.8　脊椎動物の血圧の比較
（文献 4-14 より）

しかしながら，鳥類では哺乳類型のネフロンの割合は小さいし，尿酸排出なので髄質コーンの浸透圧の勾配は大きくならないために，水は腎臓ではそれほど再吸収されない．この水の再吸収は，バソトシンが集合管に働いてアクアポリン2を埋め込むことによって起こることが示されている．バソトシンはさらに，輸出細動脈の血管に作用して収縮させ，ボーマン囊への血流量を下げて濾過される原尿量を減少させているので，両者が相まって抗利尿作用をあらわすことになる[4-21]．

鳥類の場合，水や塩類の再吸収は腎臓を出たのちにも行われる．膀胱がないので，尿は直接，総排泄腔に出たのちに直腸へ逆流し，さらに盲腸へと移動する．この過程で水や塩類が吸収される．尿中の水は適度に糞と混ぜ合わさって再び総排泄腔へ戻り，排出される．

バソトシンは鳥類では産卵にも関係する．産卵時に子宮に該当する卵管を収縮させて放卵を促す．ただし卵巣からのプロスタグランジン（prostaglandin）も関与する．したがって鳥類では，バソトシンが哺乳類のバソプレシンとオキシトシンの両方の役割をもっている．これに対してメソトシンは，バソトシンの浸透圧調節作用や卵管収縮作用を修飾し，その作用は拮抗する場合と増強する場合があるらしい．

爬虫類のところで述べなかったが，トカゲでも産卵はバソトシン（とおそらくプロスタグランジン）によって促進されている[4-22]．

バソトシンは鳥類でも，社会行動に影響を及ぼしている．たとえばキンカチョウでは，バソトシンは間脳に働いて攻撃行動に関与するし，ウズラでも攻撃行動に関与している．

爬虫類，鳥類に進化して，ホルモンとしてのバソトシンは，水の保持を通じて浸透圧調節をし，さらに卵管平滑筋に作用して収縮を促し産卵に関与するようになった．この段階ではバソトシンが主役の二役を演じ，メソトシンは脇役に徹しているように見受けられる．

4.6　哺乳類のバソプレシンとオキシトシン（胎盤をもつようになった羊膜類）

哺乳類に至って，腎臓が浸透圧調節の中心的役割を担う器官として完成す

る．恒温と高い代謝能力によって生じる大量の老廃物を排出するとともに，水を保持する能力を備えたのである．そのやり方を見てみると，高い血圧により，足細胞のスリットの網の目を通して血球とタンパク質を除いたほぼすべての血液成分をボーマン嚢腔へ濾しとり，その後はネフロン各部で，グルコースなど必要な成分を再吸収し，塩を再吸収あるいは分泌し，水の再吸収を調節する．こうして老廃物を排出するとともに，体内の浸透圧を調節している．家庭で不要なものを捨てるときは，ふつうは不要なものを選んでゴミとして捨てるだろうが，哺乳類の腎臓のやり方を当てはめると，最初に家具などの大物以外を全部いったん外に出してから，必要なものを回収するようなものである．逆転の発想というか，通常では思いつかない方法をとっている．

　この方式が可能となるためには，水をいかに上手に再吸収するかにかかっている．そのため，ネフロンはすべて長いループをもつ哺乳類型になり，腎臓は鳥類までの平たい構造ではなく球状になって明瞭に皮質と髄質に分かれ，皮質の腎小体から髄質内に長い下行脚と上行脚が深く垂れ下がり，直細動脈と並走する（図 4.9）．

　水は下行部分で周囲の浸透圧に応じてアクアポリン 1 を通して再吸収される．下行脚を下がるにつれ水を失った原尿は浸透圧が上がるので，水は尿細管から外に出にくくなるはずだが，そこのところはちゃんと手が打たれている．髄質には集合管から分泌された尿素があって，浸透圧が髄質の下方に行くにつれて上がるようにしているのである．尿素は下行脚で尿細管に再吸収されて戻される．これを腎臓内の尿素リサイクリングと呼んでいる（Na^+ イオンの対向流増幅系については省略）．

　尿素リサイクリングに働くのが尿素トランスポーター（UT）で，集合管には UT-A1 があり髄質への排出に，尿細管下行脚には UT-A2，直細動脈には UT-B がありそれぞれ尿細管と血管への回収に働き，尿素がリサイクルされている[4-23]．

　集合管での UT-A1 の膜への埋め込みは，バソトシンから進化したバソプレシンが関与することになる．バソトシンと同じようにバソプレシンは集合

管において cAMP をセカンドメッセンジャーとしてアクアポリン 2 の埋め込みに働くが，同じ方式で UT-A1 を埋め込んでいる[4-24]．「毒をもって毒を制す」ではないが，廃棄物を大切な水の再吸収に利用しているのである．

したがって哺乳類では，バソプレシンはアクアポリン 2 と尿素トランスポーター（UT-A1）の埋め込み，さらに血管を収縮させて血圧上昇，という 3 つの役割をこなしている（図 4.9）．

このようにバソプレシンの役割が多くなったので，浸透圧調節に役割分担を集中し，子宮平滑筋収縮の役割は，これまで脇役だったメソトシンをオキシトシンに進化させて，この役どころを演じさせるようになり，さらに乳腺平滑筋にも働いて乳汁射出を起こすようにしたのである．これが胎盤をもった哺乳類で起こった神経葉ホルモンの適応・進化であると考えられる．

もちろん，このような変更が可能になったのは，ホルモン分子だけでなくさまざまな構造や生理的な機能が進化したためである．たとえば水辺から離れたにもかかわらず，尿酸でなく尿素排出に戻れたのは，胎盤の獲得が大きく寄与していると考えられる．発生にともなう老廃物を，胎盤を通して母体に渡せるからである．

また，糸球体にのしかかる高い血圧の制御も不可欠で，バソプレシンに加えて，レニン−アンギオテンシン−アルドステロン系や心房性ナトリウム利尿ペプチド（ANP）がより重要な役割を担うようになる．

この辺りの詳しいことは第Ⅴ巻を参照のこと．また『腎臓のはなし：130 グラムの臓器の大きな役割』（坂井建雄，中公新書 2214）も腎臓の全体像を把握するのに役に立つ．

ここで脊椎動物のネフロンと神経葉ホルモンの役割の進化を図にまとめてみよう（図 4.9）．脊椎動物のネフロンを，硬骨魚類から哺乳類まで順に並べてみると，三回，大きなジャンプをしているように見える．一回目は水中から陸上への移行，二回目は水の保持と胚の発生にともなう諸事情への対処，三回目は胎盤の獲得と水の保持の効率化，である．ネフロンの構造の変化は，腎臓の形とも関係しているし，血圧とそれを支える心臓の形態とも関係していることがよくわかる．

4.6 哺乳類のバソプレシンとオキシトシン（胎盤をもつようになった羊膜類）

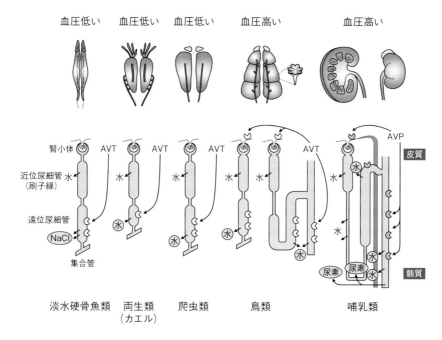

図 4.9 ネフロンの形態とバソトシン（AVT）およびバソプレシン（AVP）の働き方の進化を示す模式図
上段の図は腎臓を腹側から見た模式図．鳥類では髄質コーンをもつLobuleの1つを拡大，哺乳類（ヒト）の左側の腎臓は断面図．白抜きのCはAVT受容体，灰色のCはAVP受容体，灰色の丸あるいは楕円形で囲んだ文字は後葉ホルモンの働きで起こる物質の移動をあらわす．近位尿細管で起こるグルコースやアミノ酸の再吸収は省略してあり，Na^+の動きも魚類以外は省略してある．また哺乳類の遠位曲尿細管が腎小体とつくる緻密斑も描いていない．

　そういう眼で哺乳類の腎臓の個体発生を見ると，ヘッケルの言った「個体発生は系統発生を繰り返す」という言葉が，こと腎臓に関してはよくあてはまるように思える．

　哺乳類の腎臓が高度に進化した機能を発揮できるのは，ネフロンが部域化され，それぞれの部域にチャネルやトランスポーターが適切に配置されているためである．ところが最近の研究によると，哺乳類に見られるのと同じ部域化は，両生類ゼノパス（*Xenopus*）属の幼生の前腎にすでにみられるとい

う．この研究では，細胞接着タンパク質であるクローディンや，アクアポリン，イオンチャネルなどの多くの遺伝子の発現パターンによって部域を決定している[4-25, 4-26]．それによるとゼノパス属幼生の，一見すると構造が簡単に見える前腎にも，遺伝子発現パターンから，4つの基本的なドメインである近位尿細管，中間部，遠位尿細管，集合管への接続小管という部域が認められ，さらにそれぞれの部域は，いくつかのセグメントに明瞭に分けられるという．

哺乳類のネフロンの部域化の基本設計は早くからできていて，おそらく遺伝子も用意されていたのだろう．その後の自然選択によって，それをどう発現させて使うかが進化していったのだと思われる．これも前適応である．

4.7 受容体

ホルモンが働きをあらわすためには受容体が必要なので，オキシトシンとバソプレシンの受容体についても述べなければならない．受容体もタンパク質なので，進化しているはずである．

すでに2章で哺乳類のオキシトシン受容体について述べたが，2012年までは，オキシトシン受容体は1種類，バソプレシン受容体は，V1a，V1b，V2の3種類あることがわかっていた．ヒトのものを表にまとめると以下のようになる．

表 4.1 ヒトの後葉ホルモン受容体の種類と発現場所

		遺伝子のある染色体	Gタンパク質	主に発現している場所
オキシトシン受容体	OTR	3p25	Gq	子宮平滑筋，乳腺平滑筋，中枢神経系
バソプレシン受容体	V1A	12q12	Gq	血管平滑筋，肝細胞，中枢神経系
〃	V1B	1q32	Gq	下垂体腺葉，中枢神経系
〃	V2	Xq28	Gs	集合管細胞基底側膜，遠位曲尿細管

4.7 受容体

　2012年になって，5つ目の受容体が見つかった[4-27, 4-28]．新しく見つかった受容体はゾウギンザメからで，V2に似たものなのでV2Bと呼んでいる．これをもとにデータベースで検索して，硬骨魚類にType2が，その他の脊椎動物にType1の2つの遺伝子があることが示唆された．データベースの配列データを駆使して，配列の比較や染色体上の位置関係の比較（synteny analysis）から，作製された受容体の推定系統図が図4.10である．提案されている系統関係は，2つの文献で微妙に異なるが，ここでは表示の仕方は文献4-27に基づき，分岐図は文献4-28を基にした．

　下向き三角1は脊椎動物の初期に起こったオキシトシン／バソプレシン受容体ファミリー遺伝子の二度の重複，三角2は，硬骨魚類が大きく分岐する前に起こった受容体V1B遺伝子の消失およびV2A，OT-R，V1Aの各受容体遺伝子の重複，三角3は鳥類の系統で受容体V2A（＝V2）の消失，三角4は哺乳類の系統でV2B受容体の消失の時期をそれぞれ示している．

　これらの推定図は，分子全体の配列を比較して作成されたものなので，そ

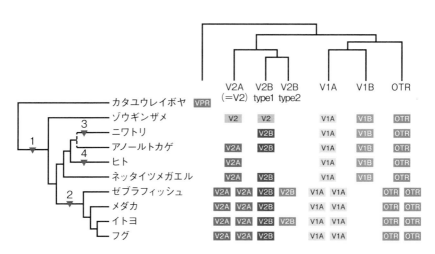

図4.10　提案されているオキシトシン・バソプレシン受容体の系統関係
上段は受容体の分岐図，左側は脊椎動物の系統樹．それぞれの動物の受容体は，たとえばOTRとあるが魚類ではイソトシン，両生類，爬虫類，鳥類ではメソトシンの受容体である．その他の説明は本文参照．（文献4-27, 4-28より作製）

れぞれの受容体の役割に重要なリガンド結合部位付近での比較ではないし，これらのゲノム上の領域が実際に発現しているのかどうかは，必ずしも明確ではない．ということを念頭に置いたとしても，図4.3にあるように，硬骨魚類では複数のバソトシンとイソトシンをもつものがある．これらのリガンドと受容体の対応関係は明らかではないが，オキシトシン／バソプレシンファミリーの場合と同じように，受容体でも魚類に進化する前に遺伝子の重複によって複数の遺伝子が準備されていたと思われる．後の進化の過程で，受容体遺伝子の方は数が少なくなり，より厳密にリガンドの情報を細胞内に伝えるようになったと考えられる．

4.8 無脊椎動物の関連ペプチド

これまで，脊椎動物だけを取り上げて後葉ホルモンペプチドの進化を見てきたが，これらのノナペプチドは脊椎動物になって突然現れたのだろうか．

8番目のアミノ酸が中性アミノ酸のもの
Cys Phe Ile Tyr **Asn Cys Pro** Pro **Gly**-NH$_2$　アラクノトシン＊；ナミハダニ
Cys Phe Ile Tyr **Asn Cys Pro** Ile **Gly**-NH$_2$　アラクノトシン＊；ダニの一種
Cys Tyr Ile Tyr **Asn Cys Pro** Pro **Gly**-NH$_2$　ミリアトシン＊；ムカデ
Cys Tyr Phe Arg **Asn Cys Pro** Ile **Gly**-NH$_2$　セファロトシン；タコ
Cys Phe Trp Thr Ser **Cys Pro** Ile **Gly**-NH$_2$　オクトプレシン；タコ
Cys Phe Val Arg **Asn Cys Pro** Thr **Gly**-NH$_2$　アネトシン；シマミミズ

8番目のアミノ酸がArgかLysの塩基性アミノ酸のもの
Cys Leu Ile Thr **Asn Cys Pro** Arg **Gly**-NH$_2$　イノトシン＊；アリの一種
Cys Leu Ile Val **Asn Cys Pro** Arg **Gly**-NH$_2$　イノトシン＊；アリの一種
Cys Phe Ile Arg **Asn Cys Pro** Lys **Gly**-NH$_2$　リシン-コノプレシン；ヨーロッパモノアラガイ，
　　　　　　　　　　　　　　　　　　　　　　　　　　アンボイナガイ
Cys Phe Ile Arg **Asn Cys Pro** Arg **Gly**-NH$_2$　テレプレシン；タケノコガイ
Cys Ile Ile Arg **Asn Cys Pro** Arg **Gly**-NH$_2$　アルギニン-コノプレシン；イモガイの仲間
Cys Leu Ile Thr **Asn Cys Pro** Arg **Gly**-NH$_2$　ロクプレシン；トノサマバッタ
Cys Phe Ile Ser **Asn Cys Pro** Lys **Gly**-NH$_2$　エキノトシン；ウニ
Cys Tyr Ile Ile **Asn Cys Pro** Arg **Gly**-NH$_2$　[Ile^4]-バソトシン；ナメクジウオ

アミノ酸数が9個よりも多いもの
Cys Phe Phe Arg Asp **Cys** Ser Asn Met Asp Trp Tyr Arg　コノプレシン；ユウレイボヤ
　　　　　　　　　　　　　　　　　　　　　　　　　　　　　　カタユウレイボヤ
Cys Tyr Ile Ser Asp **Cys Pro** Asn Ser Arg Phe Trp Ser Thr-NH$_2$　シロボヤ
Cys Phe Leu Asn Ser **Cys Pro** Tyr Arg Arg Tyr-NH$_2$　ネマトシン；センチュウ

図4.11　無脊椎動物のバソプレシン／オキシトシン同類ペプチド
　　＊はゲノム探索によって明らかになったもの．

無脊椎動物で調べてみると，いくつかの種の動物で似たようなホルモンを1種類，もつことが明らかになっている（タコなどの例外もあるが）．これまで見つかった無脊椎動物の関連ペプチドを列挙してみる[4-29, 4-30]（図4.11）.

これらのペプチドのうち，作用がわかっているものを表にまとめた[4-29]（表4.2）.

表4.2　無脊椎動物種におけるバソプレシン／オキシトシン同類ペプチドの働き

動物種	局在	作用
カタユウレイボヤ	脳のニューロンで発現	—
シロボヤ	脳神経節	水管の収縮による水分量の調節
トノサマバッタ	マルピーギ管	利尿作用（cAMP経由）
シマミミズ	—	産卵行動を誘導，腸の自発収縮誘導
コウイカ	—	長期記憶
タコ	神経系，生殖腺系で受容体発現	—
モノアラガイ	—	雄の交尾行動，オキシトシン様作用とバソプレシン様作用の2つあり
センチュウ	—	記憶と生殖に関係

無脊椎動物のバソプレシン／オキシトシン同類ペプチドは，脊椎動物のノナペプチドと構造がよく似ていて，少数の例外を除いていずれもニューロペプチドとして作用している．さらに，前駆体としてニューロフィジン様タンパク質と結合している．これだけ似ている構造をもったペプチドが無脊椎動物に見つかると，脊椎動物のものと何らかの関連があると考えざるを得ない．生命の歴史のかなり早い段階で遺伝子が生まれ，それが引き継がれてきたのであろう．

無脊椎動物でも，表4.2を見ると，シロボヤのように水分量の調節に関するものと，シマミミズやモノアラガイのように生殖に関係する作用が多い．とくに興味をひかれるのは，トノサマバッタではマルピーギ管に働いて利尿作用を示すという点である．マルピーギ管は昆虫や多足類などに見られる浸透圧調節および排出器官で，消化管の中ほどの中腸から後腸への移行部から突出した多数の細い盲管である．このマルピーギ管を構成する細胞は腎細胞

(nephrocyte) と呼ばれ，血リンパ液から老廃物を細胞内に濾し取り，腸へ排出する働きがある．Nephrocyte にはサイトソルへの細胞膜の多数の陥入があり，この陥入の入り口にはスリット膜が張られていて，これが篩の働きをしている．これって足細胞にあったスリット膜と同じではないかと気が付いただろうか．じつはこのスリット膜を構成するタンパク質はネフリンなのである．腎管という形をとらないけれど，昆虫でも同じメカニズムで老廃物の濾し取りを行い[4-31]，そこにノナペプチドが作用しているらしいということなのである．

受容体に関しては，ヨーロッパモノアラガイには2種類の受容体（LSCPR1 と LSCPR2）があり[4-32]，1と2では脳と生殖器官での局在に違いがあり，両者は重ならない．2の方はリシン-コノプレッシン（Lys-conopressin）で最大の作用を示し，バソプレシンやオキシトシンには反応しない．1と2，さらにヒトのオキシトシン受容体，ラットの V1A 受容体，ヒトの V1B 受容体，硬骨魚（White sucker, *Catostomus commersonii*）のバソトシン受容体，さらにラットの V2 受容体のアミノ酸配列の比較をしたところ，膜貫通ドメイン1の始まりから7の終わりまでの間のアミノ酸配列の相同性は，2と1および V2 の間では39％，2とそれ以外では43％であった．また，2番目と3番目の細胞外ループのアミノ酸配列のうちでリガンドとの結合に寄与すると考えられている配列が保存されていた．著者らは LSCPR2 が，脊椎動物のオキシトシン／バソプレシン受容体ファミリーの共通の祖先分子ではないかと推察している．シマミミズでも，アネトシン（annetocin）受容体でまったく同様な研究が行われている[4-33]．

無脊椎動物のさまざまな種でゲノム解析が進めば，さらに多くの情報が得られるであろう．リガンドと受容体の共進化，受容体の局在，生理作用などを含めた包括的な研究がさらに進むことを期待するところである．

2章から始まったオキシトシンにまつわる長い物語は，ひとまずここで終わることにする．オキシトシンを後葉ホルモンの1つとして哺乳類を中心として見まわすのではなく，関連ペプチドを通して無脊椎動物，脊椎動物と見

上げれば，一つながりの進化の過程がほの見えてくる．5億年よりもさらにずっと以前に，ニューロンが産生するニューロペプチドとして誕生したアミノ酸9つからなるこの分子とその受容体の組み合わせは，進化の過程で保存され，脊椎動物に引き渡された．脊椎動物になってニューロペプチドは神経内分泌ペプチドとして一般循環にも放出され，ホルモンとしての役割ももつようになった．哺乳類では多彩な役割を果たしているが，ニューロペプチドとしての役割は残っていて，オキシトシンと愛着の関係はそのようなものだと考えると，2章で述べたことに納得がいく．

　進化は個体群で起こることであるが，そのもとになるのは個体群を構成する個々の個体の遺伝子の突然変異である．変異した遺伝子が次の代に引き継がれるためには，個体が生き延びて子をなす必要がある（1章参照）．**図 4.9**では腎臓の形態と血圧の高低だけを書き添えたが，脊椎動物の進化による表現型の違いは，この他にも赤血球の大きさと核のあるなし，体温調節，呼吸のしかた，体の大きさ，寛骨と大腿骨の接続のしかたによる運動量の違いなどもあり，これらは個体が生き残る確率に大いに影響する．オキシトシン／バソプレシンファミリーの進化は，そういった視点をもって脊椎動物の進化を眺めてみることの重要性を改めて教えてくれている．

4.9　C 末端のアミド化

　バソプレシンもオキシトシンも C 末端はアミド化されている．セクレチンも同様である．いずれの場合も，プレプロホルモンとして転写・翻訳され，GKR の G と K の間で切断されて，C 末端に残ったグリシン（G）をアミノ基の供与体として使っている（**図 4.12**）．カルボキシ基をアミド化するためには脱水縮合をしなければならないので，中性付近の水環境の中では化学的に進行しにくい反応である．そのため細胞の中では，C 末端のグリシンのアミノ基だけを残して，その他の部分を引きはがしてアミド基にするという，うまい方法を編み出したのである．

　G と K の間の切断を行うのは，ウシのオキシトシンの場合は 2 章で述べたマグノリシン（magnolysin）というエンドペプチダーゼだった．その他の

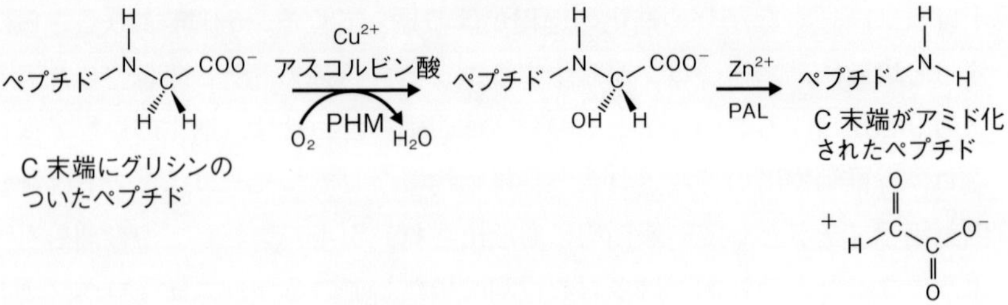

4章 進化の観点（系統発生）からホルモンを俯瞰する

図4.12 PAMによるグリシン残基を使ったC末端のアミド化

ペプチドの場合も，同様なエンドペプチダーゼ酵素があると思われるが，必ずしも明らかになっていない．

残ったグリシンを使ってアミド化する酵素はPAMで，PAM遺伝子によってコードされている．この酵素は，PHMとPALという2つの酵素活性をもったドメインから構成されていて，図4.12に示した反応を連続して触媒してC末端側をアミド化する．この酵素も顆粒の膜に埋め込まれて，顆粒内に酵素活性のある部分が垂れ下がっている．

こうして分子量の大きくないペプチドはC末端が保護されて，エクソペプチダーゼによる分解から免れて，安定化する．すべてではないが，多くの小分子の生理活性ペプチドは，C末端がアミド化されることにより安定化する．セクレチンもC末端はアミド化されているし，3章で簡単にしか述べなかったアミノ酸10個の生殖腺刺激ホルモン放出ホルモン（GnRH）もアミノ酸3個の甲状腺刺激ホルモン放出ホルモン（TRH）もC末端はアミド化されている．

4.10 RFアミドファミリー（キスペプチンもこの仲間）

C末端がアミド化されているペプチドというと，RFアミド（RFamide）のことがすぐに思い出される．このグループのペプチドは，C末端がアルギニン（R）-フェニルアラニン（F）の2つのアミノ酸で終わり，さらにカルボキシ基がアミド化されているという共通の構造をもつことから付けられた名前である．

4.10 RFアミドファミリー（キスペプチンもこの仲間）

　後葉ホルモン関連ペプチドと異なり，RFアミドは無脊椎動物で最初に発見された．1977年に軟体動物の二枚貝の神経節からFMRFアミドというアミノ酸配列のテトラペプチドが単離され，この分子が心臓に作用するニューロペプチドであることが明らかにされた．その後，ヒドラをはじめ多くの無脊椎動物でC末端にRFアミド構造をもつペプチド分子が見つかっている[4-34]．さらに，脊椎動物でも鳥類で最初の報告があり，2000年以降，主としてゲノムの塩基配列から受容体であることは明らかになったが，リガンドが不明なもの（オーファン受容体）を発現させて，結合するリガンドを探し出す逆薬理学的手法により，多数のRFアミドが発見された．

　RFアミドは3〜40ほどのアミノ酸からなるニューロペプチドで，オキシトシンの場合と同じようにプレプロ前駆体として合成され，シグナルペプチドが除かれ，2つ並んだ塩基性のN末端側で切り離され，C末端のグリシンを使ってアミド化されて完成する．これまで，この分子はニューロペプチド

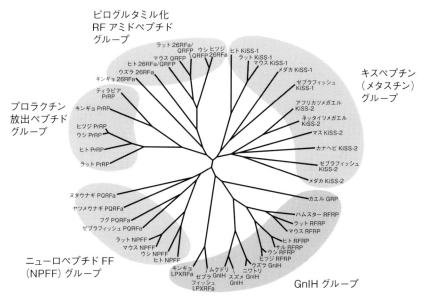

図4.13　脊椎動物RFアミドペプチドの系統樹
（文献4-36より）

として，比較生理生化学や神経科学の領域で扱われることが多かったが，3章の**表 3.2** にあるように視床下部を内分泌器官とすると，そこで生産されているし，また実際，内分泌機能の調節に深く関わっているので，触れないわけにいかない．ただしオキシトシンを例に 2 章で述べたような詳しい歴史的な経緯は省き，現在，わかっていることのみに話を絞る．

脊椎動物の RF アミドは 5 つのグループに分けられる [4-35]．1) キスペプチン (kisspeptin, メタスチンとも呼ばれる) グループ，2) 生殖腺刺激ホルモン放出抑制ホルモン (GnIH, RFRP-1, 3) グループ，3) ニューロペプチド FF (NPFF) グループ，4) プロラクチン放出ペプチド (PrRP) グループ，5) ピログルタミル化 RF アミドペプチド (QRFP) グループで [4-36]，いずれも G タンパク質共役型受容体と結合して，その作用を現す．

4.10.1 キスペプチンってなに？

この中でとくに内分泌現象に関係が深い，1) キスペプチングループと 2) GnIH グループを取り上げてみよう．キスペプチンとはずいぶん，おしゃれな名前が付いているが，発見物語はおしゃれというか，興味深いものがある．

キスペプチンのお話しは，最初はがんの転移に関係するヒトの KiSS-1 が，1996 年にペンシルバニア州立大学のグループによって報告されたことから始まる [4-37]．報告された当初は，KiSS-1 が黒色素細胞腫瘍 (メラノーマ) や乳がんの細胞の転移 (metastasis) を抑制することがわかったが，遺伝子産物 (タンパク質) がどのようなものかは推定の域を出なかった．というのは，サブトラクティブハイブリダイゼーション (subtractive hybridization) 法を使っているからである．メラノーマの細胞系列のうち，転移をする細胞系列が発現した mRNA と，しない細胞系列の cDNA の差分を取り，これをプローブとしてライブラリーからポジティブなクローンを選び出した．

詳しいことは省略するが，こうして得た 7 種類の全長クローンのうち 1 つだけが転移しない細胞系列で発現していたので，これを KiSS-1 と名づけた．名前の由来は，Suppressor Sequences (SS) と大学のある街 Hershey にちなんだものである．Hershey はアメリカで屈指のチョコレート会社のハーシー

4.10 RFアミドファミリー（キスペプチンもこの仲間）

社があるところで，その会社は，誰でも知っている「ハーシー・キス(Hershey's Kisses)」という，金色の包装紙でくるんだ円錐の形をした，いわゆるキスチョコを作っている．

KiSS-1と名づけたcDNAを使ってノーザンブロット解析をしてみると，心臓や脳などでは発現がなく，腎臓と膵臓に弱い発現があり，胎盤で強く発現していることがわかった．また転移するメラノーマにKiSS-1 cDNAを導入すると，転移活性が消失した．こうしたことから，KiSS-1 cDNAのもととなる遺伝子（紛らわしいがヒトではKISS1という）の発現は，悪性メラノーマの転移を抑制することが明らかになった．

この遺伝子がコードしているタンパク質はしばらくわからなかったが，2001年になって武田薬品工業の研究グループが，オーファンGPCR受容体の一種GPR54と結合する活性成分をヒト胎盤で見つけ，この有効成分を抽出・単離し，アミノ酸配列と質量分析を行った結果，KISS1にコードされる54アミノ酸残基からなるC末端アミド化ペプチドであることが明らかになった[4-38]．転移（metastasis）を抑制することからグループはこのペプチドをメタスチン（metastin）と名づけたが，しだいに元の遺伝子の名前を取ってキスペプチンと呼ばれるようになる．また，オーファン受容体であったGPR54も，キスペプチン受容体（KISS1R）と呼ばれるようになる．

実際には，KISS1遺伝子はアミノ酸138残基のプレプロキスペプチンをコードしている．先頭のアミノ酸19残基がシグナルペプチドで，残りがプロキスペプチンとなり，さらにアミノ酸残基66, 67のArg-Argの塩基性アミノ酸残基ペアと68のGlyの間で切断され，122〜124番目のGKR（図4.14の太字部分）で，図4.12で示したように切断されアミド化される．こうし

```
MNSLVSWQLL LFLCATHFGE PLEKVASVGN SRPTGQQLES LGLLAPGEQS    50
LPCTERKPAA TARLSRRGTS LSPPPESSGS PQQPGLSAPH SRQIPAPQGA   100
VLVQREKDLP NYNWNSFGLR FGKREAAPGN HGRSAGRG    138
```

図4.14　ヒトのKISS1遺伝子の翻訳直後アミノ酸配列
下線部はシグナルペプチド，二重下線部はキスペプチン（RFアミド構造をとる）．太字はアミド化のためのグリシンと塩基性アミノ酸ペア．

てアミノ酸残基数 54 のキスペプチン（キスペプチン-54）が完成する．

このように腫瘍細胞の転移に関係するペプチドとして同定されたメタスチンとその受容体（GPR54）は，その後すぐに思わぬ展開を見せることになる．

春期発動期（思春期の到来）が遅れる家系の遺伝子を調べたところ，GnRH 受容体は正常であったが，19p13 上にある GPR54 の遺伝子で 155 個のヌクレオチドが欠落していた．そのため受容体としての機能を失っていることが見つかったのである[4-39]．

さらにヒトとマウスで，GPR54 遺伝子の突然変異（上とは異なる位置）により受容体が機能を失うか低下すると，春期発動期が遅れることが示された．マウスでは遺伝子組換えによって GPR54 に突然変異を導入すると，受容体の機能が失われること，ただしこの場合でも，GnRH や生殖腺刺激ホルモンには正常に反応することが確かめられた[4-40]．

これらの結果は，思春期の到来にキスペプチンとその受容体が，下垂体－生殖腺系よりも上位で重要な役割を果たしていることを示唆している．それまでは，思春期が始まるのは視床下部からの GnRH の分泌が始まり，GnRH が下垂体の生殖腺刺激ホルモンの放出を促進し，その結果，生殖腺が刺激を受けるためだと考えられていたが，GnRH が目覚めるのはどうしてなのかについてはよくわかっていなかった．ここで，GnRH 分泌の開始は，ニューロペプチド・キスペプチンによって引き金が引かれるという図式が浮かび上がった．まさに「思春期はキスで始まる[4-41]」のである．

現在までの理解では，キスペプチン産生ニューロンは視床下部にあって，GnRH に神経情報を送っている（**図 4.15**）．図にあるように，思春期開始ばかりではなく大人になっても，性ステロイドホルモンのフィードバック情報を，視床下部－下垂体－生殖腺軸へ仲介するために重要な役割を果たしている（詳しくは第Ⅱ巻 2 部を参照）．

哺乳類では，キスペプチン産生ニューロンは脳室周囲核前腹側部（AVPV）と弓状核（ARC）にあり，AVPV のニューロンは GnRH の細胞体へ，ARC のニューロンは軸索末端へキスペプチンを放出して情報を伝えていると考えられている．さらにキスペプチン産生ニューロンは，性ステロイドホルモン

受容体をもっている(GnRH 産生ニューロンにはない).これまでは性周期にともなう雌の下垂体から黄体形成ホルモンの大量の分泌(LH サージ)と定常的な分泌(パルス状分泌)が起こるメカニズムは必ずしも明確でなかったが,GnRH 産生ニューロンの上位にキスペプチンが置かれることにより,両者をうまく説明できるようになったのである.

AVPV のキスペプチン産生ニューロンは,エストロゲンを受け取ってキスペプチンの産生を高め,GnRH を放出させる情報を送り GnRH のサージ状の分泌を引き起こす(ポジティブフィードバック).一方の ARC のキスペプチン産生ニューロンは,エストロゲンを受け取ると GnRH のパルス状分泌の頻度を変えて,定常的な分泌を持続させる(ネガティブフィードバック).

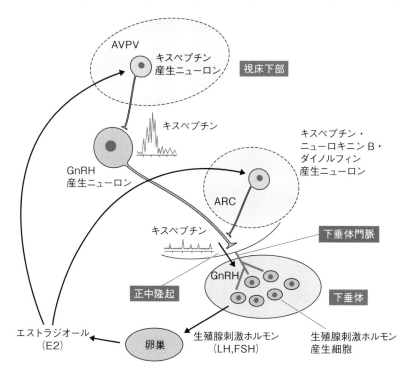

図 4.15 哺乳類(雌)の視床下部におけるキスペプチンと GnRH ニューロンの関係を示す模式図(図 3.32 の補足でもある)
受容体は描いていない.

ARCのキスペプチン産生ニューロンは，キスペプチン以外にも，ニューロキニンBとダイノルフィンを産生し，ニューロン同士がネットワークを形成している．キスペプチン産生ニューロンに外部からの作用があると，ニューロキニンBは神経活動を促進，ダイノルフィンは抑制する．ネットワーク間に働くこれらのペプチドの相互作用によって，キスペプチンのパルス状分泌が形成され，それによってGnRHのパルス状分泌が実現されていると考えられている．定常的な分泌なら，何もパルス状ではなくずっと作用させればいいのではないかと考えるだろうが，そうするとダウンレギュレーションによって受容体が減少してしまう．それを避けるためにパルス状に分泌しているのである．

さらに脂肪組織が分泌するレプチンが，いくつかの経路を介してこのキスペプチン・GnRH系に働きかけている．体の大きさがある程度になって初めて思春期が到来するのも，飢餓が生殖を抑制するのも，この入力のためである．

ヒトやヒツジの場合は，エストラジオールに加えてプロゲステロンもフィードバックに関わっている．また，雄ではAVPVのキスペプチン産生ニューロンは数が少なく，テストステロンの受容体もないのでサージ状分泌はなく，もっぱらパルス状分泌だけである．このように種や雌雄によって視床下部でのキスペプチンによる制御様式に若干の違いがある．

キスペプチン産生ニューロンは，哺乳類以外にも脊椎動物で広く視床下部にあることがわかっているが，綱（class）によってその数はまちまちで，哺乳類では1種類であるが，鳥類には存在せず，爬虫類には2種類，両生類には3種類，また魚類には2種類存在する[4-42]．これまで何回か述べてきた2度にわたるゲノムの重複がこの多様化に寄与したことを示唆している．その後の進化の過程で鳥類は両方，哺乳類は片方のキスペプチン遺伝子を失ったものと考えられている．魚類では2種類のキスペプチンの脳内の分布が異なっており，魚種によって異なるがすでにステロイドホルモン感受性を有している[4-43]．

哺乳類ではキスペプチンは1種類だが，ニューロンによって共に発現する

ペプチドが異なり，より精密にGnRHの分泌を制御しているように見える．光周期による季節繁殖の調節に加えて，繁殖期に繰り返される性周期（排卵周期）を制御するために，キスペプチンは2つの神経集団に分かれ，それぞれが別の方法でGnRHの放出を調節するようになったのであろう．

4.10.2 GnIHグループ

キスペプチンの発見と並行して，2001年に生殖腺刺激ホルモンの分泌を抑制するRFアミドがウズラの視床下部にあることが発見され，GnIHの名前が与えられた[4-44]．キスペプチンのように，プレプロホルモンとして転写・翻訳され，そこから切り出されてGnIHになることが示された．プレプロホルモンには似たような構造が3つあり，残りの2つもRFアミドである（図4.16）．

```
MEIISTQKFI LLTLATVAFL TPHGACLDEL MKSSLESRED DDDKYYETKD    50
SILEEKQRSL NFEEMKDWGS KNFMKVNTPT VNKVPNSVAN LPLRFGRSNP   100
EERSIKPSAY LPLRFGRAFG ESLSRRAPNL SNRSGRSPLA RSSIQSLLNL   150
SQRFGKSVPI SLSQGVQESE PGM        173
```

図4.16 ウズラのGnIHの翻訳直後アミノ酸配列
下線部はシグナルペプチド，二重下線部がGnIH，破線下線部はGnIH関連ペプチド1および2．太字はアミド化のためのグリシンと塩基性アミノ酸．

メタスチンの場合と同じように，哺乳類ではオーファン受容体のリガンドを探していて，RFアミドを3つ含むプレプロペプチドが見つかり，それぞれのRFアミドがRFアミド関連ペプチド1〜3（RFRP-1〜3）と名づけられた．3つのうち，1と3がオーファン受容体GPR147に結合することがわかった．

その後，RFRP-1，3は生殖腺刺激ホルモン分泌を抑制することがわかり，GnIHとRFRP-1，3はC末端がLPXRFアミド（XはLかQ）と共通する構造をしたオルソログ（ortholog，共通する祖先をもつ相同遺伝子）の関係にあると考えられるようになり，GnIHグループとしてまとめられるようになった．さらに，このような構造のRFアミドは鳥類，哺乳類以外の脊椎動物の視床下部にも存在することが示された[4-45]．

GnIH 産生ニューロンは視床下部背内側部にあって，GnRH ニューロンに軸索末端を終止し，GnRH の活動を抑制する．さらに下垂体にも GnIH 受容体があり，ニューロンは正中隆起に軸索を送っているので，下垂体の生殖腺刺激ホルモン産生細胞に直接，働いて，生殖腺刺激ホルモンの放出を抑制していると考えられている[4-46]．GnIH 産生ニューロンも図 4.15 に書きくわえればいいのだが，煩雑になるので省略してある．

哺乳類と鳥類の光周性には松果体から（鳥類では眼からも）分泌されるメラトニンが深く関わっていると考えられてきた．GnIH 産生ニューロンにはメラトニン受容体があって光周性の情報を受け取り，これらの動物で季節繁殖を制御しているようだ[4-47]．

このほかにも RF アミドは多数あるが，ここではこれ以上触れないことにする．ここまではキスペプチンと GnIH について言い切る形で述べてきたが，気をつけなければならないことがある．それは RF アミドと受容体の関係がかなりずぼらな点 (promiscuous) である．全身あるいは脳内に投与して得られた結果が，必ずしも狙った受容体に結合したためではなく，別の受容体に結合して起こった可能性が少なからず存在するのである．RF アミドの働きを最終的に決めるためには，ペプチドの抗体を使ったり mRNA への転写を染め出して，ニューロンレベルでの配線を明確にし，さらに受容体の存在までを明確にする必要がある．したがって，実際にはここで記述したよりはもっと複雑な相互関係が存在する可能性は十分にある．今後の研究が楽しみである．

無脊椎動物の RF アミドと脊椎動物のそれとの関連まで踏み込むことはできなかったが，オキシトシン・バソプレシンファミリーで述べたような進化の過程が RF アミドペプチドにもみられる．総説 4-35 を参照してほしい．

4.11 視床下部の下垂体ホルモン放出ホルモン，GnRH

順番が逆になったが，視床下部にあって下垂体のホルモンの放出に関わっている分子として，キスペプチンや RF アミドよりもずっと早く単離され構造が決定されたのは，TRH と GnRH である．

4.11 視床下部の下垂体ホルモン放出ホルモン，GnRH

　視床下部が下垂体の機能を，神経的にではなく何らかの液性因子（すなわちホルモン）によって制御していることを明らかにしたのは，イギリスのハリス（Geoffrey W. Harris）で 1940 年代後半から 1950 年代前半にかけて行った一連の研究によってである．その後，アメリカでギルマン（R. Guillemin）とシャリー（A. V. Schally）の 2 つの研究グループによる激しい研究レースの結果，ヒツジとブタの視床下部から TRH と GnRH が単離・精製され，構造が決定された（1969 年および 1971 年）．GnRH はアミノ酸 10 個からなるデカペプチドで，C 末端はアミド化されていて，さらに N 末端もピログルタミン酸の形をしていた（TRH については 4.12.1 項で述べる）．

　その後，GnRH もプレプロホルモンの形でコードされていて（図 4.17），翻訳後にシグナル配列が切り離され，切り離された先頭のグルタミン酸残基（Q）では側鎖のカルボキシ基と N 末端のアミノ基の間の脱水縮合（ピログルタミル化）によって環状構造を取り，GKR の G と K の間で切断され末端の G を使ってアミド化されることが明らかになった．残った 37 番目以降のペプチドは GnRH 関連ペプチドと呼ばれ，機能は明確ではないがプロラクチン分泌を抑制すると言われている．

<u>MKPIQKLLAG LILLTWCVEG CSS</u>QHWSYGL RPG**GKR**DAEN LIDSFQEIVK　50
EVGQLAETQR FECTTHQPRS PLRDLKGALE SLIEEETGQK KI　92

図 4.17　ヒトの GnRH1 の翻訳直後アミノ酸配列
下線部はシグナルペプチド，二重下線部は GnRH1．太字はアミド化のためのグリシンと塩基性アミノ酸ペア．

　GnRH の構造が明らかになったころ（当時は黄体形成ホルモン放出ホルモン（LHRH）と呼ばれていた）筆者はまだ大学院生で，その成果にワクワクしたものだが，今考えると「下垂体から LH の分泌を促す視床下部にある LHRH」ということにとらわれてしまっていた気がする．名前というものは恐ろしいもので，いったん名前が付くと思考までもそれに縛られてしまう．その後，ニワトリでは LHRH が 2 種類あることがわかり，LHRH-I と LHRH-II と名づけられた．II の方は中脳にあり，正中隆起とは別の部域に軸索を伸

4章 進化の観点（系統発生）からホルモンを俯瞰する

ばしているという報告があったが，すぐには腑に落ちなかったことを記憶している．

いきなり時間を飛び越えてしまうが，今では哺乳類にも GnRH-II が存在することがわかっている（図 4.18）．両者をくらべてみると，GnRH 本体部分は似た構造をしているが，その他の部分のアミノ酸配列はあまり似ていない．

```
MASSRRGLLL LLLLTAHLGP SEAQHWSHGW YPGGKRALSS AQDPQNALRP    50
PGRALDTAAG SPVQTAHGLP SDALAPLDDS MPWEGRTTAQ WSLHRKRHLA   100
RTLLTAAREP RPAPPSSNKV    120
```

図 4.18　ヒトの GnRH2 の翻訳直後アミノ酸配列
下線部はシグナルペプチド，二重下線部は GnRH2．太字はアミド化のためのグリシンと塩基性アミノ酸ペア．

哺乳類と鳥類以外でも，多数の GnRH の構造（アミノ酸配列）が明らかになっている．cDNA の塩基配列の解析から明らかになったものも多くある．魚類では3番目の GnRH が見つかり，最初は発見された動物種の名を冠して sGnRH（サケ GnRH）などと呼ばれたが，数が増えるにしたがって混乱した．そこで新しい命名法が提案されている[4-48]（図 4.19）．

それによると，GnRH2 は種を越えて共通しているが，GnRH1 は種によってアミノ酸配列に違いがみられ（ただし多くの両生類は哺乳類と同一であり，爬虫類は鳥類と同一である），GnRH3 は魚類にのみ見られるという特徴がある．また GnRH1 産生ニューロンは視床下部から視索前野を中心とした前脳に，GnRH2 産生ニューロンは中脳に，GnRH3 産生ニューロンは嗅球から終神経に沿ってというように，部域によって産生ニューロンは分かれる．3種類のうち，GnRH1 産生ニューロンだけが正中隆起に投射し，下垂体門脈に GnRH1 を放出して下垂体に働きかける[4-49]（図 4.15）．これらの GnRH の主なもののホルモン本体の部分だけを図 4.19 に掲げる．

図 4.19 に掲げた GnRH は，いずれも図 4.17 と図 4.18 にあるようなプレプロホルモンの形で翻訳される．3種類の GnRH をコードする遺伝子の構造は図 4.20 にあるように4つのエキソンが3つのイントロンに分断された形をしている．

4.11 視床下部の下垂体ホルモン放出ホルモン，GnRH

pGlu	His	Trp	**Ser**	His	Gly	Trp	Tyr	**Pro**	**Gly**-NH$_2$	GnRH2（ニワトリ GnRH-II）共通
pGlu	His	Trp	**Ser**	Tyr	Gly	Leu	Arg	**Pro**	**Gly**-NH$_2$	GnRH1 哺乳類（哺乳類 GnRH）
pGlu	Tyr	Trp	**Ser**	Tyr	Gly	Val	Arg	**Pro**	**Gly**-NH$_2$	GnRH1 モルモット
pGlu	His	Trp	**Ser**	Tyr	Gly	Leu	Gln	**Pro**	**Gly**-NH$_2$	GnRH1 ニワトリ（ニワトリ GnRH-I）
pGlu	His	Trp	**Ser**	Tyr	Gly	Leu	Gln	**Pro**	**Gly**-NH$_2$	GnRH1 ワニ
pGlu	His	Trp	**Ser**	Tyr	Gly	Leu	Trp	**Pro**	**Gly**-NH$_2$	GnRH1 カエル Korean brown frog
pGlu	His	Trp	**Ser**	Tyr	Gly	Leu	Arg	**Pro**	**Gly**-NH$_2$	GnRH1 ツメガエル，ウシガエル
pGlu	His	Trp	**Ser**	His	Gly	Leu	Asn	**Pro**	**Gly**-NH$_2$	GnRH1 ナマズ
pGlu	His	Trp	**Ser**	His	Gly	Leu	Ser	**Pro**	**Gly**-NH$_2$	GnRH1 ニシン
pGlu	His	Trp	**Ser**	Phe	Gly	Leu	Ser	**Pro**	**Gly**-NH$_2$	GnRH1 メダカ
pGlu	His	Trp	**Ser**	Tyr	Gly	Leu	Ser	**Pro**	**Gly**-NH$_2$	GnRH1 タイ
pGlu	His	Trp	**Ser**	Tyr	Gly	Trp	Leu	**Pro**	**Gly**-NH$_2$	GnRH3 サケ，メダカなど硬骨魚類
pGlu	His	Trp	**Ser**	His	Gly	Trp	Leu	**Pro**	**Gly**-NH$_2$	GnRH1 ツノザメ
pGlu	His	Tyr	**Ser**	Leu	Glu	Trp	Lys	**Pro**	**Gly**-NH$_2$	GnRH1 ヤツメウナギ
pGlu	His	Trp	**Ser**	His	Asp	Trp	Lys	**Pro**	**Gly**-NH$_2$	GnRH3 ヤツメウナギ
pGlu	His	Trp	**Ser**	Asp	Tyr	Phe	Lys	**Pro**	**Gly**-NH$_2$	GnRH-I ホヤ
pGlu	His	Trp	**Ser**	Leu	Cys	His	Ala	**Pro**	**Gly**-NH$_2$	GnRH-II ホヤ

図 4.19 これまで見つかっている GnRH 分子
太字は共通しているアミノ酸を示す．括弧内は以前の名前．

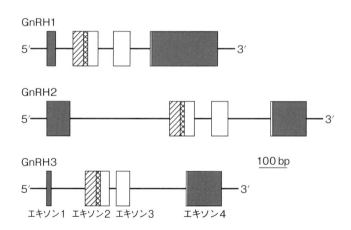

図 4.20 硬骨魚シクリッドの 3 種類の GnRH の遺伝子の構造
いずれの遺伝子も 4 つのエキソンと 3 つのイントロンから構成されている．斜線はシグナルペプチド領域，クロスハッチはホルモン本体，白抜きは GnRH 関連ペプチド領域．（文献 4-48 より）

イントロンの長さに違いはあるが，基本的な構造はよく似ている．このようにGnRHは大きく3つのグループに分けられる．おそらく遺伝子重複によって共通の祖先遺伝子が生じ，その後の進化の過程で変わっていったのであろう．図4.19にあるようにGnRHと似たペプチドはホヤにもあり，無脊椎動物とのつながりが考えられる．

GnRHの情報を受け取るGnRH受容体は7回膜貫通のGタンパク質共役型の受容体だが，動物種によって複数あり，その系統関係が議論されている[4-48～4-51]．GnRH受容体でも脊椎動物の進化の初期に2回の遺伝子重複によって遺伝子の数が増え，その後の進化の過程でそれぞれの綱（class）によって消失したりして，遺伝子の数が変化したと推定されている．これまでは大きく3つのタイプに分けられていたが，最近のゲノムハンティングの結果，5つのサブグループに分けられるとし，さらに無脊椎動物の類似の受容体との系統関係が論議されている[4-51]．

GnRHは発見の経緯から付けられた名前の示す通り，下垂体の生殖腺刺激ホルモン産生細胞から生殖腺刺激ホルモン分泌を促進する働きをもつが，実際に下垂体に作用しているのは前脳から視床下部にあるGnRH1である．魚類ではGnRH2とGnRH3の機能に関しては不明な点が多く残されているが，中脳のGnRH2ニューロン群はおそらく生殖行動などに関係しており，嗅球近くのGnRH3ニューロン群は生殖行動への動機づけや視覚や嗅覚の感覚受容の修飾をしているといわれており，ホルモンとしてではなく神経伝達物質あるいは神経修飾物質として働いている．魚類以外でのGnRH2と3の神経系における機能はよくわかっていない．

ここまでは，GnRHをニューロペプチドとして扱ってきたが，GnRHは神経系以外の胎盤や生殖腺（卵巣と精巣）でも受容体とともに発現する．これらの部位でのGnRHの機能はよくわかっていないが，局所的なメディエーターとして働いているのかもしれない．GnRHの名前に縛られることなく，その役割を探索する必要がある．

近代科学の確立した手法として，実験系を組むときには対照実験を置き，測定できる現象を1つに絞った実験群を設定して実験を行い，対照群と実験

群との結果の違いから結論を導くという方法論を採用する．しかしながらホルモンが受容体に結合して細胞内にセカンドメッセンジャーが生成されたときに，セカンドメッセンジャーは想定した1つだけの経路に働くとは限らない．細胞内にあるいくつもの系にも働きかけるだろう．しかし想定外の結果はとりあえずは無視されることになる．上に述べた科学的手法は，古典的物理学のように因果関係の明瞭なシステムには有効だが，生物のような複雑系には必ずしも有効ではないのかもしれない．複雑系を解析する新しい実験科学のパラダイムが必要なのだろう．さまざまなデータを蓄積して，ビッグデータの解析をコンピューターでシミュレーションする方法が有効なのかもしれない．進化のような時間を相手とする科学は，時間を遡って検証することができないのだから．多くの動物種のゲノムの解析のようなデータの集積を続けて蓄積する必要があるのだろう．

4.12 その他の下垂体ホルモン放出ホルモンと放出抑制ホルモン

視床下部には，GnRH以外にも下垂体ホルモンの放出（あるいは放出の抑制）に関与するホルモンを産生するニューロンが存在する．GnRHを含めて視床下部の放出（抑制）ホルモンの一覧を**表4.3**に示す．

表4.3 脊椎動物の視床下部の放出（抑制）ホルモン

名 前	略称	構造	おもな作用
生殖腺刺激ホルモン放出ホルモン	GnRH	10aa	FSHとLHの分泌促進
甲状腺刺激ホルモン放出ホルモン	TRH	3aa	TSH，プロラクチンの分泌促進
副腎皮質刺激ホルモン放出ホルモン	CRH	41aa	ACTHの分泌促進
成長ホルモン放出ホルモン	GHRH	44aa	成長ホルモン分泌促進
ソマトスタチン	GHIH	14, 28aa	成長ホルモンの分泌を抑制

aa：アミノ酸残基数．下垂体ホルモンの略称については，表4.4を参照のこと．

表4.3のすべてについてGnRHのところで述べたような進化の話をすることはできないので，**表4.3**の順にヒトのものを中心に，かいつまんで話を進めることにする．

4.12.1 TRH

TRHはアミノ酸3個からなる小さなペプチド（pGlu-His-Pro-NH$_2$）で，上述したように最初に構造が明らかになった視床下部放出ホルモンである．しかしながら遺伝子から転写・翻訳されるプレプロホルモンは，ヒトでアミノ酸242個からなる大きな分子であった．

先頭の24個のアミノ酸からなるシグナルペプチドが切り離されたプロホルモンから，GnRHのところで述べたのと同じような方式で切り出され，修飾されて完成形のホルモンとなる．プロホルモンには6個のTRHが含まれていた（図4.21）．

```
MPGPWLLLAL ALTLNLTGVP GGRAQPEAAQ QEAVTAAEHP GLDDFLRQVE   50
RLLFLRENIQ RLQGDQGEHS ASQIFQSDWL SKRQHPGKRE EEEEEGVEEE  100
EEEEGGAVGP HKRQHPGRRE DEASWSVDVT QHKRQHPGRR SPWLAYAVPK  150
RQHPGRRLAD PKAQRSWEEE EEEEEREEDL MPEKRQHPGK RALGGPCGPQ  200
GAYGQAGLLL GLLDDLSRSQ GAEEKRQHPG RRAAWVREPL EE          242
```

図4.21　ヒトTRHのプレプロホルモンのアミノ酸配列
下線部はシグナルペプチド，白抜き文字はTRH．太字はアミド化のためのグリシンと塩基性アミノ酸ペア．

ヒト以外でもTRHのプレプロホルモンが存在するが，アミノ酸の数は動物種によって異なり，含まれるTRHの数もラット，マウスでは5，ニワトリでは6，アフリカツメガエルでは7，ゼブラフィッシュでは7と異なっている．

TRHは室傍核のニューロンでつくられて正中隆起に送られ，下垂体門脈に放出され，下垂体の甲状腺刺激ホルモン産生細胞に働きかける（図4.26，以下すべての放出ホルモンに当てはまる）．TRHは下垂体に働く以外に，産生ニューロンの軸索は脳内に広く投射していて，神経伝達物質，神経修飾物質として広範な作用を示す．

ここでは紙幅がないので省略するが，読者自身が次のような演習を行うと，ホルモンの進化について考える手掛かりになる．

演習

1) UniProtKB（下記の URL）にアクセスして検索窓に「TRH」と入力し，データベースに登録されている「Pro-thyrotropin-releasing hormone」を表示させる．
http://www.uniprot.org/
先頭にラットの P01150 が表示されるのでこのエントリー番号をクリックすると該当ページへ飛ぶことができる．左側に表示されている PTM/Processing をクリックすると Molecular processing があり，そこにシグナルペプチド，ホルモン本体の位置が表示されている．ラットでは TRH は 5 つである．左側の Sequence をクリックするとアミノ酸配列が表示されるので，FASTA 形式で表示して配列をコピーし，Word に貼り付けておく．

2) なるべく多くの動物種のアミノ酸配列を取得する．

3) 次のサイトにアクセスして，「MEGA6」を取得する．
http://evolgen.biol.se.tmu.ac.jp/MEGA/

ダウンロードした MEGA6 を使って，1) と 2) で得たアミノ酸配列を入力して系統樹を描く．なお，詳しい MEGA6 の使い方は上記のページにチュートリアルとして載っている．

4.12.2 CRH

ヒトの副腎皮質刺激ホルモン放出ホルモン（CRH）も 196 アミノ酸からなるプレプロホルモンとして転写・翻訳され，N 末端に近い 41 アミノ酸からなる配列が切り出される．N 末端は修飾されないが，C 末端のイソロイシンはアミド化されて完成形になる．産生ニューロンは室傍核にある細胞体の小さなニューロン（室傍核にある後葉ホルモンを産生する大細胞性のニューロンとは異なる）で，正中隆起に軸索を投射している．CRH はストレスに応答して下垂体門脈に放出され，下垂体からの副腎皮質刺激ホルモン（ACTH）

の分泌を引き起こすストレス応答の中核的なホルモンである．

　CRHは下垂体に働くだけではない．受容体が扁桃体や青斑核，海馬にも存在するので，ストレス応答に関係する幅広い生理機能や行動に関与し，また記憶形成に働くと考えられている．

　CRHは病気との関連から早くから研究の対象となった．ギルマンやシャリーの研究グループはTRHやGnRHよりもずっと早くCRHが視床下部に存在することを示し，単離しようと試みたが成功せずに，単離をあきらめた経緯がある．その後1981年になって，ようやくヴェイル（W. Vale）によってヒツジCRHの構造が明らかになり，その後は研究が進んで多くの種のCRHの構造が明らかになった．

　魚類から哺乳類まで，CRHはプレプロホルモンとして転写・翻訳され，ヒトの場合と同じように41（ニワトリでは40）アミノ酸のCRHが切り出される．CRHのアミノ酸配列は魚類から哺乳類まで，比較的よく保存されている（図4.22）．

```
SEEPPISLDL TFHLLREVLE MARAEQMAQQ AHSNRKMMEI F-NH₂  コイ
AEEPPISLDL TFHLLREVLE MARAEQIAQQ AHSNRKLMDI I-NH₂  アフリカツメガエル
 EEPPISLDL TFHLLREVLE MARAEQLAQQ AHSNRKLMEI I-NH₂  ニワトリ
SEEPPISLDL TFHLLREVLE MARAEQLAQQ AHSNRKLMEI I-NH₂  マウス
SQEPPISLDL TFHLLREVLE MTKADQLAQQ AHSNRKLLDI A-NH₂  ヒツジ
SEEPPISLDL TFHLLREVLE MARAEQLAQQ AHSNRKLMEI I-NH₂  ヒト

 QGPPISIDL SLELLRKMIE IEKQEKEKQQ AANNRLLLDT I-NH₂  ソウバジン
NDDPPISIDL TFHLLRNMIE MARNENQREQ AGLNRKYLDE V-NH₂  コイ UI
```

図4.22　脊椎動物のCRHのアミノ酸配列
　　下線部はコイと異なるアミノ酸．参考のためにCRH関連ペプチドのソウバジンとウロテンシンⅠ（UI）のアミノ酸配列を並べた．

　CRHの構造の決定より前の1979年に，CRHとは関係なく中南米産のカエルの皮膚からアミノ酸40個のペプチドが単離され，ソウバジン（SVG）と名づけられた．ソウバジンのアミノ酸の配列はCRHと50％ほどの相同性が見られ，ラットの下垂体からACTHを分泌させることができた．

　魚類には，脊髄の末端近くに下垂体神経葉に似た構造をした膨らみがあり，

尾部下垂体と名づけられていた．尾部下垂体には脊髄の末端にある神経分泌細胞から軸索が伸びている．尾部下垂体は筆者の東京大学理学部動物学教室で同期だった級友から，父上，榎並 仁の著書『神経分泌序説』を借りて読んで知った．同じ著者の『色を変える動物たち：名探偵シャイロック・トームズ氏の生物学研究日誌から』も読んだ（著者自身が描いた挿絵がユニークだった）．同氏の論文をもとに学部学生の時，正規の授業とは関係なく三崎の臨海実験所でフナムシの体色変化の実験を熱心にやって五月祭で発表したことを懐かしく思い出す．その頃だったか，小林英司先生がコイの尾部下垂体から有効物質を抽出しようと川魚料理店「川甚」からコイの尻尾を集めて実験を行っていて，アセチルコリンの含量が高いことを見つける．その後，小林先生と市川友行，アメリカのバーン（H. A. Bern），カナダのレデリス（K. Lederis）のグループが2つの有効成分（ウロテンシン）を単離し，それぞれUI，UIIと名づけた．UIはアミノ酸41，UIIは12アミノ酸からなるペプチドであった．そしてUIはCRHとよく似ていることがわかった．

尾部下垂体は魚類特有な構造なので，ウロテンシンは魚類特有なペプチドで他の動物にはないものと思われていたが，1995年になって哺乳類にもオルソログが見つかり，ウロコルチン（Ucn）と名づけられた．さらに後になって，UI・Ucn・SVGとはパラログの関係にあるUcn2とUcn3の2つが見つかった．こうして哺乳類には4つのCRH関連ペプチドがあることが明らかになったのである．CRHの受容体は2種類，見つかっている．4つのCRH関連ペプチドと2つの受容体の進化を推定したものが図4.23である[4-52]．

さらに同じような構造のペプチドは無脊椎動物にも見つかっている[4-52]．CRH類似ペプチドは，体をストレスから守るために必須のニューロペプチド・ホルモンなので長い進化の過程で保存されてきたのであろう．進化にとってまず必要なことは，ストレスを克服して繁殖可能になるまで生き残ることなので，当然と言えば当然かもしれない．

尾部下垂体から見つかったもう1つのUIIについては，4.12.4項のソマトスタチンのところで述べる．

4章 進化の観点（系統発生）からホルモンを俯瞰する

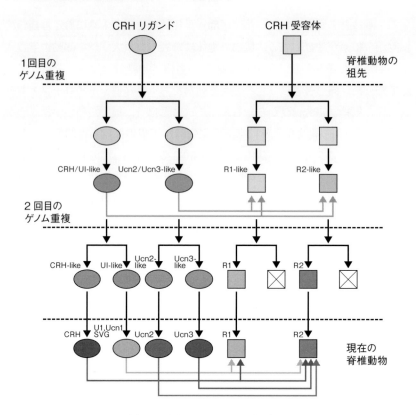

図 4.23 CRH とその受容体の共進化を 2R 仮説に基づいて推定した模式図
黒矢印は進化の流れ，矢印はリガンドと受容体の結合関係．×の入った四角は進化の過程で消失したことを示す．リガンドの略号は本文参照．（文献 4-52 より改変）

4.12.3 GHRH

成長ホルモン放出ホルモン（GHRH）は，ヒトでは弓状核にあるニューロンで産生されるアミノ酸 44 個からなるペプチドホルモンで，これまで述べたのと同じくプレプロホルモンとして転写・翻訳され，切り出されて C 末端はアミド化され，正中隆起で下垂体門脈へと放出される．セクレチン・ファミリーに属し，受容体は cAMP と IP_3 をセカンドメッセンジャーとする．

4.12.4 ソマトスタチン

ソマトスタチンには 28 アミノ酸からなるものと 14 アミノ酸からなるものの 2 種類がある．プレプロホルモンから切断する位置の違いによって生じるが，後者は前者の C 末端側の 14 アミノ酸である．C 末端のシステインと 17 番目（後者では 3 番目）のシステインの間で SS 結合がつくられる（図 4.24）．

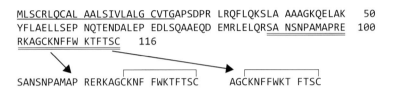

図 4.24　ヒトソマトスタチンのプレプロホルモンのアミノ酸配列と，切り出された 28 ソマトスタチンと 14 ソマトスタチン
下線部はシグナルペプチド．二重下線部はソマトスタチン 28．

ソマトスタチンは視床下部腹内側核にあるニューロンで産生され，正中隆起に送られる．脳室周囲核にもソマトスタチン産生ニューロンがあり，このニューロンは血中を循環している成長ホルモンとインスリン様成長因子の濃度を感知し，ソマトスタチンの放出を高めて成長ホルモンの分泌を抑制している．ソマトスタチンは他の部位のニューロンでも産生され，そこから広く脳内に軸索が投射している．

なお，ソマトスタチンは視床下部以外に膵臓ランゲルハンス島や消化管内分泌細胞からも分泌され，インスリンおよびグルカゴンの産生抑制・分泌抑制，消化管からの栄養の吸収抑制，セクレチンやガストリン，胃液や胃酸の分泌抑制などを行う．

尾部下垂体のところで述べたウロテンシン II（UII）がここで登場する．UII も魚類特有だと考えられていたがヒトでも見つかり，GPCR のオーファン受容体である GPR14 の内因性リガンドであることが明らかになる．ヒトではアミノ酸は 11 個だが，魚類からヒトまでの UII の C 末端側の 6 個のアミノ酸残基は共通で，6 個の両端にあるシステインで SS 結合をつくって環

4章　進化の観点（系統発生）からホルモンを俯瞰する

```
MYKLASCCLL FIGFLNPLLS LPLLDSREIS FQLSAPHEDA RLTPEELERA   50
SLLQILPEML GAERGDILRK ADSSTNIFNP RGNLRKFQDF SGQDPNILLS  100
HLLARIWKPY KKRETPDCFW KYCV        124
```

```
    ETPDCFWKYCV     ヒト
 QHGAAPECFWKYCI     マウス
   GPPSECFWKYCV     ブタ
   AGNLSECFWKYCV    カエル
   GSNTECFWKYCV     ゼブラフィッシュ
   GGGADCFWKYCV     コイ　IIα
   GGNTECFWKYCV     コイ　IIβ
   GGGADCFWKYCI     コイ　IIγ
```

図 4.25　ヒト UII のプレプロホルモンのアミノ酸配列
下線部はシグナルペプチド，二重下線部は UII，下に主な動物の UII を示す．

状構造をとっている．この構造は環の大きさは異なるがソマトスタチンに似ていなくもない．UII には対応する特異的な受容体が存在する．なお，UII はヒトで強力な血管収縮作用をもつために，薬理学的見地から注目されている．

4.12.5　その他の補足

プロラクチンの分泌を制御している視床下部因子については，当初は特定の分子を想定して探索が行われたが見つからなかった．現在では，プロラクチンの分泌はドーパミン，ソマトスタチンとおそらく GnRH 関連ペプチド（GAP）で抑制されていて，必要に応じて TRH とプロラクチン放出ペプチド（図 4.13）によって放出が刺激されると考えられている．

ちなみに GnRH，TRH，CRH には GHRH に対応するソマトスタチンのように放出抑制ホルモンがないのは，それぞれが図 3.22 にあるように最終産物（性ステロイド，甲状腺ホルモン，グルココルチコイド）がフィードバックして抑制するからである．

これまで述べた放出ホルモンと放出抑制ホルモンは，正中隆起で下垂体門脈系に放出されて下垂体に働き，ターゲットとなる下垂体の産生細胞から特定のホルモンの分泌を刺激する．これらのホルモンが産生細胞に働きかけることができるのは，いずれも特異的な GPCR が細胞膜に存在するためである．

オキシトシンから始まって，ここまでホルモンの働きをする多くのニューロペプチドについて述べてきたが，いずれも，もともとは神経伝達物質あるいは神経修飾物質としての起源があり，進化の過程でもとの働きは残しつつ血液中に放出される仕掛けをつくってホルモンとしての働きをもつようになったものばかりである．進化の過程では，すでにある分子を使いそれを取り繕って目的に合うように使いまわしている．この点は進化と自然選択を考えるうえで，心に留めておかねばならない点である．進化は設計図を白紙から書き直すのとは違い，ゼロから作り直さないのである．

ゼロから作り直さないけれど，取り繕う対象となる分子の数を増やしている．元になる遺伝子の数をゲノムの重複によって増やしているのである．脊椎動物の初期の進化の過程で二回の大規模なゲノムの重複が起こったとする2R仮説が提唱されているが，これまで何度も述べてきたように，この仮説によってホルモンと受容体の進化をうまく説明できる．条鰭類硬骨魚ではさらにもう一回のゲノム重複が起こったと考えられている[4-53]．この章の冒頭で述べたオキシトシン／バソプレシン・スーパーファミリー分子の数が魚類で多いのもこれで説明できそうである．

4.13　下垂体主葉ホルモンとその系統発生

視床下部のニューロンで産生され，正中隆起で下垂体門脈系に分泌される放出（抑制）ホルモンは，腺性下垂体主葉（ヒトでは下垂体前葉と呼ぶことが多い）にあるそれぞれのホルモン産生細胞にGPCRを介して働いて，ホルモンの分泌を促す（あるいは抑制する）（図4.26，表4.4）．

主葉から分泌されるホルモンはいずれもタンパク質あるいはペプチドで，プロラクチンを除いて標的とする他の内分泌器官からのホルモン分泌を刺激するホルモンである．そのため下垂体は，体内のホルモン環境を制御する中心的な役割をもつコーディネーターにたとえられる（それを裏で操っているのが視床下部のニューロペプチドである）．

表4.4にある6つのホルモンは，それぞれのホルモンの化学的性質から3つのグループに分けられる．（1）POMCファミリー：ACTH，（2）ソマトト

ロピン−プロラクチンファミリー：GH，PRL，(3) α 鎖を共通とする糖タンパク質ホルモングループ：LH，FSH，TSH．

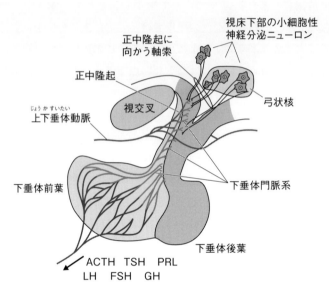

図 4.26　ヒト下垂体の模式図
　視床下部のニューロペプチドを産生するニューロンは腹内側部のものしか描いていない．また中葉も描いていない．図 2.7 と比較すること．

表 4.4　ヒト下垂体主葉のホルモン

名　前	略称	構造	おもな働き
黄体形成ホルモン	LH	$\alpha\beta_{LH}$	排卵，性ステロイドホルモン産生
濾胞刺激ホルモン	FSH	$\alpha\beta_{FSH}$	濾胞の成長，精巣セルトリ細胞の ABP 産生
甲状腺刺激ホルモン	TSH	$\alpha\beta_{TSH}$	甲状腺を刺激して T_4, T_3 分泌
成長ホルモン	GH	191aa	肝臓で IGF-1 分泌促進，骨や筋の代謝
プロラクチン	PRL	199aa	乳腺で乳汁産生，卵巣黄体の維持
副腎皮質刺激ホルモン	ACTH	39aa	副腎皮質でグルココルチコイド産生

4.13.1 POMCファミリー

ACTHは次に述べる2つのグループのタンパク質とは異なり，ちょっと変わったつくられ方をする．POMCはプロオピオメラノコルチンの略で，シグナルペプチド配列を含むprepro-opiomelanocortinとして転写・翻訳された後（図4.27），シグナルペプチドが切り離されてPOMCになり，その後ACTH領域が切り出されて生成する．POMCにはACTH以外にも，黒色素細胞刺激ホルモン（MSH），リポトロピン（LPH），オピオイドペプチドであるβエンドルフィンやMet-エンケファリンなど，7つのペプチドホルモン・オピオイドが含まれていて，分泌する細胞が所属する組織によって切断のされ方が異なっている．

```
MPRSCCSRSG ALLLALLLQA SMEVRGWCLE SSQCQDLTTE SNLLECIRAC   50
KPDLSAETPM FPGNGDEQPL TENPRKYVMG HFRWDRFGRR NSSSSGSSGA  100
GQKREDVSAG EDCGPLPEGG PEPRSDGAKP GPREGKRSYS MEHFRWGKPV  150
GKKRRPVKVY PNGAEDESAE AFPLEFKREL TGQRLREGDG PDGPADDGAG  200
AQADLEHSLL VAAEKKDEGP YRMEHFRWGS PPKDKRYGGF MTSEKSQTPL  250
VTLFKNAIIK NAYKKGE    267
```

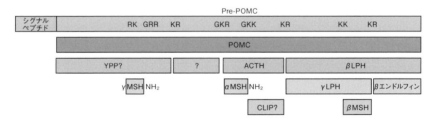

図4.27　翻訳直後のヒトPOMCのアミノ酸配列
　下線部はシグナルペプチド，二重下線部はACTH．灰色部分はαMSH．太字は塩基性アミノ酸ペア．下段はPOMCから生じる一般的なホルモン．CLIPを含めて？の付いた3つのペプチドの機能は不明．

下垂体のACTH産生細胞では主としてACTHとβリポトロピン，さらにエンドルフィンが切り出され，下垂体中葉の細胞では主としてMSH群が切り出される．酵素によって塩基性アミノ酸ペアのN末端側で切断されるが，細胞による選択性は，それぞれの細胞に存在する酵素の種類に依存する．

MSH と ACTH の受容体をメラノコルチン受容体（MCR）と呼び，MC1R，MC2R，MC3R，MC4R，MC5R の5種類あり，いずれも GPCR である．ただしオピオイドである β エンドルフィンと Met-エンケファリンはこれらとは別の受容体と結合して作用を現す．MCR とリガンドの関係を**表 4.5** にまとめた．MC2R は ACTH とだけ結合するが，そのほかの受容体の特異性は低く，強さは異なるが多くの種類のメラノコルチンを結合することができる．

表 4.5 メラノコルチン受容体

名　前	MC1R	MC2R	MC3R	MC4R	MC5R
発現場所	皮膚，毛根	副腎皮質	中枢神経	中枢神経	外分泌腺
機　能	メラニン産生	グルココルチコイド産生	摂食行動制御	摂食行動制御	
結合するホルモン	αMSH >> ACTH, β, γMSH	ACTH	γMSH > α, βMSH	βMSH > αMSH >>> γMSH	αMSH >> ACTH, β, γMSH
インバースアゴニスト	アグーチ		AgRP*	AgRP*	

* AgRP：アグーチ関連ペプチド
アグーチ（シグナルペプチド）は，哺乳類の毛が縞模様になる現象の研究で見つかったアグーチ遺伝子の産物で，MSH の代わりに受容体に結合して黒いユーメラニンの合成ではなく，黄色いフェオメラニンの合成を促進する．アグーチ遺伝子は間欠的に発現するので，その結果，毛に黒と黄色い縞模様ができる．AgRP はこのアグーチによく似たペプチドとして発見されたニューロペプチドで，弓状核にあるニューロンでつくられ，食欲に関係する．

どうしてこんなに別々な作用をあらわすホルモンが，共通の POMC としてまとまっているのだろうか．

POMC は CRH によって産生が促される．CRH のところで述べたように，CRH − ACTH −グルココルチコイド系はストレス応答を中心とした個体が生存していくうえで必須の機能を実現している．CRH が中枢神経でストレス応答に対応し，さらに下垂体の ACTH 産生細胞に働いて ACTH と β エンドルフィンの分泌を刺激する．

ACTH は副腎皮質に作用してグルココルチコイドの分泌を刺激し，グルココルチコイドはストレスを解消するように働く．β エンドルフィンは脳に働

いて鎮痛作用を現してストレスを和らげる．さらに αMSH は摂食行動を抑制し，リポトロピンは脂肪分解やステロイド産生に働く．

　両生類や魚類では，αMSH は黒色素胞に働いてメラニンを拡散させ，体色を黒くして捕食者に見つかりにくくしている．

　これらはいずれも個体の生存を図るための生理的反応であり，こういった複数の生理作用を促すホルモンが，パッケージとして POMC に収められていることになる．

　さらに興味深いことは，視床下部弓状核（ARC）には POMC をコードする遺伝子をもつニューロンがあって，MSH は神経伝達物質として摂食行動の制御に関与している点である．

　このようなホルモンがどのように進化してきたかはとても興味深い問題である．これまでの研究によると[4-54]，脊椎動物の祖先のもっていたオピオイド遺伝子のプロトタイプが 2 回の大規模ゲノム重複によって γMSH，αMSH/ACTH と βMSH，さらに末端にエンケファリン遺伝子をもつ配置になったと推定されているが，まだまだ進化の過程はすっきりと説明できていない感じがする．

4.13.2　成長ホルモン－プロラクチンファミリー－

　成長ホルモンとプロラクチンは，魚類のソマトラクチン，哺乳類の胎盤から分泌されるホルモンの 1 つである胎盤性ラクトゲンとともに，ポリペプチドホルモンファミリーを構成し，アミノ酸配列の相同性はおよそ 25％であるが，三次構造がお互いによく似ている．いずれのホルモンも，α ヘリックスが 4 本，束ねられた構造がコアとなっている（図 4.28）．

　成長ホルモン（＝ソマトトロピン）は直接，成長に関する作用を示す方式と，間接的に示す方式がある．前者では骨端の軟骨細胞に作用して細胞分裂を引き起こし，長骨の成長を促す．また，筋肉に作用してタンパク質合成を促進し，筋肉を成長させる．

　後者では，成長ホルモンは肝臓に作用してインスリン様成長因子（IGF-1，IGF-I；別名ソマトメジン）の産生を促進し，血中に放出させる．この IGF-1

4章 進化の観点（系統発生）からホルモンを俯瞰する

ヒト成長ホルモン

```
MATGSRTSLL LAFGLLCLPW LQEGSAFPTI PLSRLFDNAM LRAHRLHQLA  50
FDTYQEFEEA YIPKEQKYSF LQNPQTSLCF SESIPTPSNR EETQQKSNLE 100
LLRISLLLIQ SWLEPVQFLR SVFANSLVYG ASDSNVYDLL KDLEEGIQTL 150
MGRLEDGSPR TGQIFKQTYS KFDTNSHNDD ALLKNYGLLY CFRKDMDKVE 200
TFLRIVQCRS VEGSCGF    217
```

ヒトプロラクチン

```
MNIKGSPWKG SLLLLLVSNL LLCQSVAPLP ICPGGAARCQ VTLRDLFDRA  50
VVLSHYIHNL SSEMFSEFDK RYTHGRGFIT KAINSCHTSS LATPEDKEQA 100
QQMNQKDFLS LIVSILRSWN EPLYHLVTEV RGMQEAPEAI LSKAVEIEEQ 150
TKRLLEGMEL IVSQVHPETK ENEIYPVWSG LPSLQMADEE SRLSAYYNLL 200
HCLRRDSHKI DNYLKLLKCR IIHNNNC    227
```

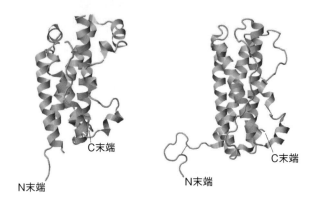

図 4.28 翻訳直後のヒト成長ホルモンとプロラクチンのアミノ酸配列
下線部はシグナルペプチド．三次構造は左が成長ホルモン（1a22），右がプロラクチン（1rw5）．

が細胞に働いて細胞の成長，分裂を促進する．

プロラクチンは名前の示す通り，哺乳類の雌では乳腺に働いて乳汁を産生する働きをする他，卵巣の黄体に働きかけてプロゲステロンの分泌を持続させて妊娠を維持する．また母性行動に影響を与える．

脊椎動物全体を見渡すと，プロラクチンは 300 以上に及ぶさまざまな働きを示す．魚類では水・電解質代謝に関係し，カエルではオタマジャクシの成長を促し変態を抑制する．また鳥の渡りの衝動を引き起こすともいわれる．

成長ホルモンとプロラクチンの受容体は，3 章で述べたインスリン受容体

と同じように単量体で,ホルモンが結合するとホモダイマーを形成してチロシンキナーゼの一種JAK2を活性化し,STATタンパク質を介して転写調節を行う(Janus kinase / Signal Transducer and Activator of Transcription;JAK/STATシグナル伝達経路).両方のホルモンは,自分の受容体だけでなく相手の受容体にも結合することができ,両者は作用を補完しあっている.

　成長ホルモンが肝臓に働いて産生するIGF-1は,受容体チロシンキナーゼであるIGF-1受容体に結合し,インスリンと同じような方式で細胞内のシグナル伝達経路を活性化し,細胞の成長を促す.IGF-1はインスリン受容体に結合することもできる.

　このファミリーに属するホルモンはいずれも図4.28にあるような三次元構造をとり,脊椎動物の進化の過程で立体構造は保存されてきたと考えられる.この4本のαヘリックスが束ねられた構造は,インターロイキンやコロニー刺激因子(CSF),エリスロポエチンなどのサイトカイン類とも共通している(図4.29).

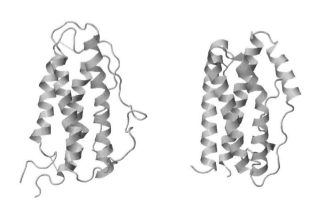

図4.29　ヒトエリスロポエチン(左,1buy)と
インターロイキン6(右,1alu)の三次構造

　このファミリーも,ゲノムの二度の大規模な重複によって遺伝子が増え,その後の進化の過程で,それぞれがさまざまな機能をもつようになったと考えられている[4-55].魚類特有のソマトラクチンの出現は,魚類で起こったも

4章 進化の観点（系統発生）からホルモンを俯瞰する

う一度のゲノムの重複の結果であろう．これまでのところ，無脊椎動物では似た構造の遺伝子は見つかっておらず，このファミリーの脊椎動物より以前の動物群との系統関係は明確ではない．

成長ホルモンとプロラクチンのその後の進化は動物によってスピードが異なるようで，動物種による違いが大きい[4-55]．文献 4-55 の著者らは Episodic evolution と言い表しているが，おそらく淘汰圧のかかり方に動物群による差があったためであろう．

また部分的な重複が起こっている．有胎盤類に存在する胎盤性ラクトゲンなどはその例である．ヒトでは 17 番染色体の長腕に，GH 遺伝子の 5 つのクラスターがあり，プロラクチンでも同様なことが起こっている．さらに転写調節などの制御因子に変更が起こって，多彩な働きを示すようになったのであろう．上に述べた両ホルモンの典型的な作用はほんの一部であり，これ以外にも多数の働きがある．

両ホルモンの受容体についても同様な議論があるが省略する．文献を参照してほしい[4-55]．

4.13.3 α鎖を共通とする糖タンパク質ホルモン

甲状腺刺激ホルモン（TSH），LH，濾胞刺激ホルモン（FSH）はα鎖とβ鎖の二本のポリペプチド鎖からなるが，α鎖はいずれのホルモンでも共通で，β鎖がそれぞれのホルモンに特異的である．3 種類のβ鎖にヒトを含む

表4.6 ヒト糖タンパク質ホルモン

名　前	遺伝子の名称	染色体上の位置	アミノ酸の数	SS 結合の数
共通のα鎖	CGA	6q14.3	(24) + 92	5
TSHβ鎖	TSHB	1p13.2	(20) + 112 + 6	6
LHβ鎖	LHB	19q13.33	(20) + 121	6
FSHβ鎖	FSHB	11p14.1	(18) + 111	6
CGβ鎖	CGB	19q13.33	(20) + 145	6

括弧内はシグナルペプチドの数．TSHβ では C 末端の 6 個は切り離される．遺伝子の位置は Online Mendelian Inheritance in Man（OMIM）による．

4.13 下垂体主葉ホルモンとその系統発生

霊長類の胎盤から分泌される絨毛性生殖腺刺激ホルモン（CG）のβを加えて，これらは糖タンパク質ホルモンサブユニットβファミリーを構成する（**表4.6**）．それぞれのポリペプチド鎖の遺伝子は別の染色体上にあり（CG はLH のすぐ近くだが），αとβは独立して転写・翻訳され，両方が会合してつくられる．

もう1つの特徴は，α鎖でもβ鎖でも，鎖内のすべてのシステインを使ってSS 結合を作っていることである（**図 4.30**）．このSS 結合によってそれぞれの分子は「引き締まった」構造になる（**図 4.31**）．システインの位置と，どのシステインとSS 結合を作っているかを見ると，よくこんな複雑な結び方ができるものだと，感心してしまう．それほど複雑である．粗面小胞体の膜上にある酸化還元酵素の一種 Ero1p とジスルフィド結合をつくるタンパク質ジスルフィドイソメラーゼ（PDI）が，ちょうど両手でおにぎりをつくるように，何回も握りなおしてジスルフィド結合を修正しながらつくっていくらしいが[4-56]，実際はもっと複雑のようで[4-57]，とても興味深い．

```
共通のα
MDYYRKYAAI FLVTLSVFLH VLHSAPDVQD CPECTLQENP FFSQPGAPIL   50
QCMGCCFSRA YPTPLRSKKT MLVQKNVTSE STCCVAKSYN RVTVMGGFKV  100
ENHTACHCST CYYHKS    116

TSHβ
MTALFLMSML FGLTCGQAMS FCIPTEYTMH IERRECAYCL TINTTICAGY   50
CMTRDINGKL FLPKYALSQD VCTYRDFIYR TVEIPGCPLH VAPYFSYPVA  100
LSCKCGKCNT DYSDCIHEAI KTNYCTKPQK SYLVGFSV   138

LHβ
MEMLQGLLLL LLLSMGGAWA SREPLRPWCH PINAILAVEK EGCPVCITVN   50
TTICAGYCPT MMRVLQAVLP PLPQVVCTYR DVRFESIRLP GCPRGVDPVV  100
SFPVALSCRC GPCRRSTSDC GGPKDHPLTC DHPQLSGLLF L   141

FSHβ
MKTLQFFFLF CCWKAICCNS CELTNITIAI EKEECRFCIS INTTWCAGYC   50
YTRDLVYKDP ARPKIQKTCT FKELVYETVR VPGCAHHADS LYTYPVATQC  100
HCGKCDSDST DCTVRGLGPS YCSFGEMKE   129
```

図 4.30　ヒト糖タンパク質サブユニットβのアミノ酸配列
  SS 結合をつくっているシステインを太字で示した．先頭の下線部はシグナルペプチド領域．どのシステイン同士がSS 結合を作るかは省略してある．

4章　進化の観点（系統発生）からホルモンを俯瞰する

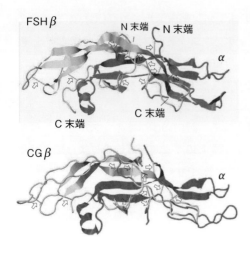
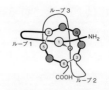

図4.31　ヒトFSH（上，1fl7）とCG（下，1hcn）の三次構造
矢印で示した棒はSS結合で，cystine knot（右上に模式図）は分子の中央より右に寄ったところにある．どちらも末端のデータが欠けている．また，同じであるはずのα鎖が少し異なっているのはX線回折の精度や結晶の違いによる．これ以外のβ鎖のX線回折データはない（モデルはある）．

　5ないし6本のSS結合のうちの3本は，2本が輪をつくりその中を残りの1本が貫通する形をしていてcystine knotといい，タンパク質構造のモチーフの1つである．このようなモチーフをもつ糖タンパク質ホルモンはトランスフォーミング増殖因子（TGF）βや血小板由来増殖因子（PDGF）スーパーファミリーに属し，いずれも起源は古いが単細胞生物にはなく，多細胞生物になってから出現したと考えられている[4-58]．

　TSHは下垂体主葉の甲状腺刺激ホルモン産生細胞でTRHの刺激を受けてつくられ，下垂体静脈へ放出されて一般循環を巡る．TSHは甲状腺に働いて甲状腺ホルモンであるチロキシン（T_4）の分泌を誘導する．T_4は主として肝臓でヨウ素（I）が1つ外されて，活性型のトリヨードチロニン（T_3）になる．

　LHとFSHは下垂体主葉の生殖腺刺激ホルモン産生細胞（性腺刺激ホルモン産生細胞）でGnRHの刺激を受けてつくられ，放出される．

　男性ではFSHは一次精母細胞に作用して減数分裂を促して二次精母細胞を作る．さらにセルトリ細胞に作用してアンドロゲン結合タンパク質（ABP）の産生を誘導する．LHは精巣間細胞（＝ライディッヒ細胞）に働きかけてステロイド合成に関わる酵素を発現させ，テストステロンをつくる．テス

トステロンはABPと結合して精細管内のテストステロンを高い濃度に保ち，精子形成を促進する．したがって精子形成にはFSHとLHの情報が必要となる．

女性では，FSHは卵巣で発達し始めた濾胞に働きかけてアポトーシスから救い出して（rescue）濾胞を補充し，さらに濾胞の成長を促進する．濾胞が発達するにしたがい，FSHの働きで濾胞を包む顆粒膜細胞からエストラジオールの産生が高まる．LHは顆粒膜細胞層の外側にある莢膜細胞に作用してエストラジオールの原料となるアンドロゲンを産生して顆粒膜細胞に供給する．4.10節のキスペプチンのところで述べたように，エストラジオールの濃度が高まると大量のLH分泌（LHサージ）を誘導して，これが成熟した濾胞に働いて排卵を誘発する．LHは排卵後に顆粒膜細胞から変わった黄体細胞に働きかけてプロゲステロンを産生，分泌させる．

ここまではヒトの糖タンパク質ホルモンの構造と働きについて述べてきたが（多くのデータがあるのでどうしてもそうなってしまう），他の脊椎動物でも大筋は同じである．TSHは甲状腺（あるいは同様な構造）で受容体を介して働いてT_4，T_3の放出を刺激するし，FSHとLHは雌雄でそれぞれ卵巣と精巣に働いて卵と精子を形成し，性ステロイドホルモンの産生を刺激して，性行動を誘導する．魚類では長らく生殖腺刺激ホルモンはLH 1種類の

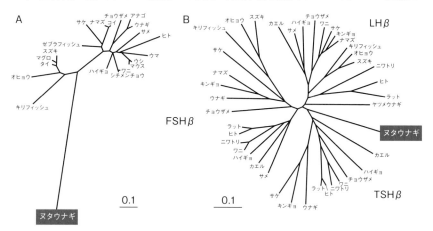

図 4.32 糖タンパク質ホルモンの共通α鎖（A）と3種類のβ鎖（B）の無根の系統樹
（文献 4-59 より）

4章 進化の観点（系統発生）からホルモンを俯瞰する

みだと思われてきたが，1990年代に魚類でも2種類あることが確定し，その後，受容体も2種類あることが示された．したがって，顎口類では，3つの糖タンパク質ホルモン（図4.32）とそれに対する受容体がそろって存在することが示されている．さらに無顎類のヌタウナギにも，生殖腺刺激ホルモン活性のある α 鎖と β 鎖からなるホルモンが1種類だけ存在することが示された[4-59]（図4.32）．

とここまで話は比較的，素直に進んできたが，ここでどんでん返し（そこまで大きくはないかもしれないが）が起こる．2002年になってヒトのゲノムを探索して，新たに2つの糖タンパク質ホルモンサブユニットをコードする遺伝子が見つかったのである[4-60]．すでにわかっている糖タンパク質ホルモン（GPH）は α 1つと β 4つなので，それに続くものということで，それぞれ GPHα2 と GPHβ5 と名づけられた（図4.33）．したがってこれまで共通 α としていたものを，これ以降は GPHα1 と呼ぶことにする．

GPHα2 と GPHβ5 には図4.33 に示した Cys 残基を使った cystine knot もあり，実際に会合してヘテロダイマーとなり，ホルモンとしての活性を示すことも明らかになっている[4-61]．これまで見つかっている GPH とのアミノ酸配列の相同性はそれほど高くはないが，三次構造は図4.31とまったくと言っていいほど同じであった（モデルによる比較）．さらに興味深いことは，会合したホルモンは生殖腺刺激ホルモン受容体とは結合せずに，TSH受容体と強く結合して活性を示す．そこでこのホルモンはサイロスティムリン

```
GPHα2
MPMASPQTLV LYLLVLAVTE AWGQEAVIPG CHLHPFNVTV RSDRQGTCQG    50
SHVAQACVGH CESSAFPSRY SVLVASGYRH NITSVSQCCT ISGLKKVKVQ   100
LQCVGSRREE LEIFTARACQ CDMCRLSRY         129

GPHβ5
MKLAFLFLGP MALLLAGYG CVLGASSGNL RTFVGCAVRE FTFLAKKPGC    50
RGLRITTDAC WGRCETWEKP ILEPPYIEAH HRVCTYNETK QVTVKLPNCA  100
PGVDPFYTYP VAIRCDCGAC STATTECETI         130
```

図4.33 新たに見つかったヒト糖タンパク質ホルモン GPHα2 と GPHβ5 のアミノ酸配列
下線部はシグナルペプチド領域．太字CはSS結合をつくるシステイン．

(thyrostimulin）と名づけられた．

　この発見が，あたかも池の中に新しい飛び石が見つかって離れた小島への道が開けたように，糖タンパクホルモンの進化について考える道筋が生まれた．というのは，他の動物のゲノムを探してみると，似た遺伝子が脊椎動物はもちろんのこと，ホヤやナメクジウオ[4-62]，さらに無脊椎動物のセンチュウやショウジョウバエ[4-60]にも見つかったからである．これらの結果をまとめて考えてみると，これまで考えられていたように，下垂体主葉の糖タンパク質ホルモンは脊椎動物特有のものではなく，おそらく線形動物の進化よりも前に，祖先の生物は一組の GPHα2 と GPHβ5 の遺伝子を手に入れたと思われるのである．その後，脊椎動物の進化の初期に起こった2回の大規模なゲノム重複，その後の部分的な重複，消失，機能獲得などの繰り返しによって，この糖タンパク質ホルモンは進化してきたのだと考えることができる[4-59, 4-62〜4-64]．これまでの例のように，リガンドと受容体は共進化してきたのだろう．GPHα2 と GPHβ5 を含めて糖タンパク質ホルモンの系統樹を描きなおしてみると，図4.34のようになる[4-62]．

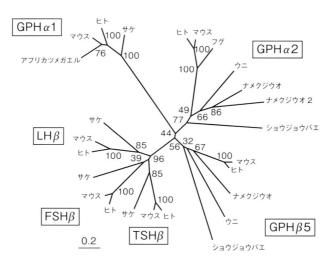

図 4.34　GPA1，GPA2，GPB5 および β の無根の系統樹
　（文献 4-62 より）

4章 進化の観点（系統発生）からホルモンを俯瞰する

ところでサイロスティムリンは下垂体以外でも発現していて，その働きは必ずしも明らかではないが，局所ホルモンとしてさまざまな機能を果たしているのではないかと考えられている（たとえば骨細胞における骨形成）．ラットの卵巣では，発達しつつある濾胞内の卵がサイロスティムリンを分泌し，それが卵を包む顆粒膜細胞に生殖腺刺激ホルモンの作用で発現したTSH受容体と結合し，シグナル伝達経路によって細胞内のcAMPの濃度を高め，*c-fos*遺伝子の反応を引き起こす[4-65]（図4.35）．FSHとLHによる濾胞の発育については137ページで簡単に述べたが，実際の発育の過程は，上位のホルモンと局所ホルモンとの相互作用による，もっと複雑なものなのだろう．

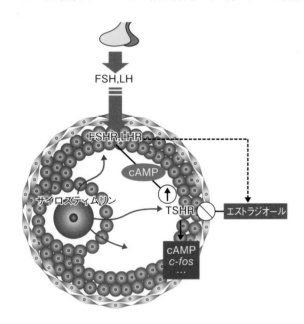

図4.35 下垂体から分泌された生殖腺刺激ホルモンと，濾胞での卵が分泌するサイロスティムリンの相互作用
（文献4-63より）

ここまで述べてきた（1）から（3）のホルモンは，下垂体主葉（ヒトでは下垂体前葉と呼ぶことが多い）から分泌される．図4.26ではヒトの下垂体を模式的に描いてあるが，脊椎動物の下垂体はどれもこれと同じ形をしているわけではない．図4.36に脊椎動物の主な綱の代表的な種の下垂体の模式図を載せた．

4.13 下垂体主葉ホルモンとその系統発生

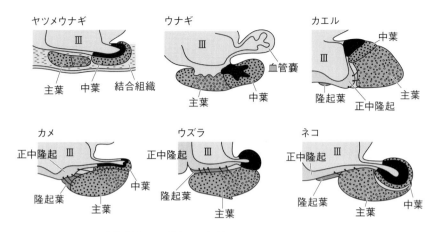

図 4.36 脊椎動物の下垂体の正中断図
縮尺は同じでないことに注意．黒塗りは神経葉．Ⅲ：第三脳室．鳥類に中葉はない．（小林英司『下垂体』東京大学出版会より改変）

　下垂体のこのような構造は，無顎類以上の脊椎動物に特有で，頭索類（ナメクジウオ）や尾索類（ホヤ）に該当する構造は見当たらない[4-62]．しかしながら，ナメクジウオの神経索の頭部に近い方にはサイロスティムリンをもった細胞が存在する．ちなみに，これ以外にゲノム探索で明らかになったナメクジウオの遺伝子には，TRH，CRH，GnRH 受容体，VT，エストロゲン受容体，ステロイド受容体があるが，リガンドである GnRH は見つかっていない．おもしろいことにホヤには GnRH がある．ホヤでは進化の過程で着生生活になったため，多くの遺伝子の消失が起こったと思われる．一方ナメクジウオでは，神経索中の細胞から直接，サイロスティムリンが血液中に放出され，おそらく甲状腺系と生殖腺系の両方に作用をしているのではないかと思われる．ナメクジウオは季節性があり生殖の年周期があるが，このやり方で間に合っているのであろう．

　ヌタウナギやヤツメウナギでは，主葉は結合組織の中に埋まっていて視床下部からの制御を強く受けていないように見える．上述したように，ヌタウナギには1種類の生殖腺刺激ホルモンしか見つかっておらず，サイロスティムリンの存在は不明である．最近になって，ヤツメウナギでは cDNA のクロー

ニングによって GPHα2 が存在することが明らかになり，アミノ酸配列を推定して他の脊椎動物の GPHα2 と比較したところ，システインを 10 個含む同様な構造のペプチド鎖であることがわかった．さらに GPHα2 は GPHβ と会合し，サイロスティムリンとして機能することが証明された[4-66]．ヤツメウナギの下垂体は結合組織の中に埋まっているので，脳からの直接の GnRH あるいは TRH による刺激は弱いもので，まだ「隔靴掻痒」の段階といえるであろう．

条鰭類硬骨魚になると，一歩進んで脳のニューロペプチドを産生するニューロンの軸索は，直接，主葉に侵入して放出ホルモンを分泌させる方式になる．主葉は前部と後部に分かれ，ホルモン産生細胞ごとにまとまって分布している．

両生類以降になると正中隆起に下垂体門脈系が発達し，放出ホルモンを効率よく主葉内のホルモン産生細胞に分配できるようになる．こうして神経系にある分子量の小さなニューロペプチドと，分泌細胞である下垂体主葉との橋渡しが完成し，腺細胞では効率よくタンパク質ホルモンを産生して，必要に応じて大量のホルモンを分泌する体制が整うことになる．音響装置でアンプを一段増やして増幅し，大音量を得られるようにするのと同じである．これも進化の過程で環境への適応のため（淘汰圧によって，すなわち自然選択によって）起こったことなのだろう．こうして視床下部―下垂体系は，神経葉と腺葉の働きと相まって内分泌系のまとめ役として重要な位置を占めることになる．

さらに詳しいそれぞれの動物における現象については，Ⅲ巻やⅣ巻を参照して欲しい．また，ここではホルモンの進化を中心に述べたが，脊椎動物の下垂体ホルモンと繁殖，生殖リズムのかかわりについてはⅡ巻を参照されたい．

4.14 下垂体主葉ホルモンによって調節されるホルモン

これまで述べてきたように，腺性下垂体主葉から分泌されるホルモンの多くは，他の内分泌器官に働きかけて，別のホルモンの分泌を調節する．(1) TSH は甲状腺に働いて T_4 と T_3，(2) ACTH と生殖腺刺激ホルモンは，それぞれ副腎皮質と生殖腺に働いて，グルココルチコイドと性ステロイドホルモ

4.14 下垂体主葉ホルモンによって調節されるホルモン

ンの分泌を誘導する．これらのホルモン分子は遺伝子にコードされていないので，進化の過程でも変わりようがないが，ホルモンをつくるための酵素や受容体，輸送体はタンパク質なので，そこに進化の痕跡を見ることができる．この点をもう少し詳しく述べよう．

4.14.1 甲状腺からの T_4 と T_3 の分泌

T_4 と T_3 は，炭素，窒素，酸素原子と比べるとかなり大きなヨウ素原子を，4つあるいは3つ分子内に含む独特な形をしたホルモンである（図 4.37）．

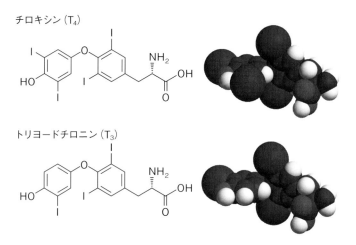

図 4.37 チロキシンとトリヨードチロニンの分子式と空間充填模型

これまで述べてきたペプチド・タンパク質ホルモンは，遺伝子からの転写と翻訳によってつくられるが，これに比べると，T_4，T_3 の生合成はかなり独特な方式をとる．

T_4，T_3 をつくる甲状腺は，ヒトでは甲状軟骨の下に翼を広げたような形をして気管に張り付いている（ラットでは**図 3.12**）．甲状腺は多数の球形の濾胞の集合体で，濾胞の表面には多数の毛細血管が張り巡らされている．濾胞は一層の濾胞上皮細胞でできていて，内部の濾胞腔はコロイドと呼ぶ液で満たされている．上皮細胞の細胞膜にはTSH受容体があり，TSHが受容体

に結合すると，$G\alpha_s$ を介して cAMP がセカンドメッセンジャーとなり，T_4，T_3 が合成，分泌される．順を追って述べると以下のようになる（**図 4.38**）．

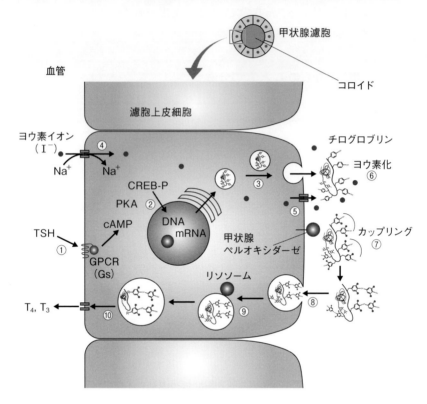

図 4.38 甲状腺濾胞上皮細胞におけるチロキシン（T_4）とトリヨードチロニン（T_3）の生合成を示す模式図

① TSH が受容体に結合してセカンドメッセンジャーとして cAMP を細胞内につくる．
② cAMP は PKA と結合して活性化し，PKA は CREB をリン酸化してチログロブリン遺伝子の転写を活性化する．
③ 転写された mRNA を使ってチログロブリンが翻訳され，つくられたチログロブリンは小胞に包まれて濾胞腔に面した細胞膜に達すると，細胞

膜と融合してチログロブリンをコロイド中に放出する．チログロブリンは分子量およそ 660 kDa である．
④ これと並行して，血中のヨウ素イオンが Na^+/I^- 共輸送体によって取り込まれる（二次的能動輸送）．
⑤ 取り込まれたヨウ素イオンは，塩素 / ヨウ素交換輸送体ペンドリン（pendrin）によってコロイド中に出される（二次的能動輸送）．
⑥ 膜タンパク質である甲状腺ペルオキシダーゼが I^- を I に酸化し，これをチログロブリン中のチロシン残基に結合させるとともに，
⑦ 近くのヨウ素化チロシン同士をカップリングして，テトラあるいはトリヨードチロニン残基とする．⑥と⑦のどちらも甲状腺ペルオキシダーゼが連続して触媒する．
⑧ ヨウ素化されたチログロブリンは再び濾胞上皮細胞に取り込まれて小胞となる．
⑨ 小胞にリソソームが融合してタンパク質を分解し，T_4 と T_3 を切り出す．
⑩ T_4 と T_3 がトランスポーター（monocarboxylate transporter 8）を通って，血中に放出される．

①，②，③以外，⑥，⑦，⑧，⑩の過程でも TSH が働いている．⑥と⑦の過程に必要な過酸化水素は別の膜タンパク質酵素（dual oxidase）によってつくられて供給されるが，本文でも図でも省略している．

ヒトでは血中に放出される分子は $T_4 : T_3$ が 20：1 で，圧倒的に T_4 の方が多いが，ホルモン活性の方は T_3 の方が T_4 よりも 3～4 倍高い．血中ではチロキシン結合グロブリンなどの運搬タンパク質と結合して運ばれるが，T_4 の方が安定しているのでこの形で運び，標的細胞で脱ヨウ素酵素（DI）によってヨウ素を切り離して T_3 に変換して使っている．そういう意味では T_4 は T_3 のプロホルモンということもできる．

T_4 と T_3 は親脂性（lipophilic）だと言われるが，ヨウ素が邪魔しているらしく，細胞膜はそのままでは通過できず，ATP を使ったトランスポーターによる能動輸送によって取り込まれる（⑩と同じ方式）．

4章 進化の観点（系統発生）からホルモンを俯瞰する

T_3 の受容体はほとんどすべての細胞にあり，代謝全般に関与する．成長ホルモンとともに長骨の成長に作用し，中枢神経系の成熟に作用する．細胞での作用の仕方は，3章で述べたとおりである．

また，甲状腺ホルモンは生理的な現象の切り替えに関係している．たとえば，魚類の河川降下にともなう銀化，ナメクジウオや魚類，両生類の変態，鳥類の換羽，哺乳類の毛の抜け替わりなどがあげられる．

甲状腺は脊椎動物に特有の構造で，無脊椎動物には見られないが，ナメクジウオ，ホヤ，ヤツメウナギの幼生には，関連する構造である内柱（endostyle）が存在する（図 4.39）．前後に伸びた内柱はこれらの動物の咽頭部（鰓嚢）の底部にあり，スリットを通して海水を取り込み，海水中に含まれる餌を吸着するための粘液タンパク質を分泌している．内柱はまた，海水中のヨウ素

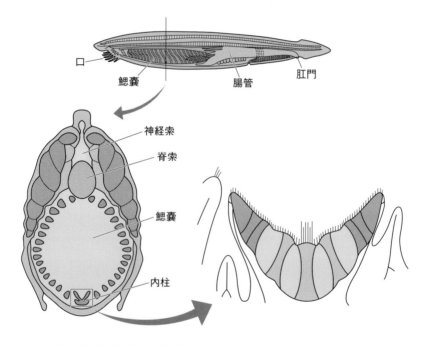

図 4.39 ナメクジウオの内柱
甲状腺ペルオキシダーゼ遺伝子は右下図の濃い灰色の部分に発現する．（文献 4-67 などより改変）

を集積する機能があり，ヤツメウナギでは変態に伴って内柱が甲状腺に移行する．

これらの構造には，甲状腺転写因子1（TTF-1；ホメオボックス転写因子の1つ）や甲状腺ペルオキシダーゼなどの遺伝子のオルソログが発現しており[4-67]，相同な器官であることを強く示している．

ヤツメウナギでは変態にともなって内柱から濾胞構造をとるようになり，多数の濾胞が体軸に沿って前後に散在する．おそらく淡水に移行してヨウ素を得にくくなったために，コロイドを満たす濾胞構造をとって蓄積できるようにしたのであろう．濾胞という構造を獲得してからは，脊椎動物の進化にともなって，しだいに濾胞は集合して器官になっていく．魚類の中には濾胞が散在している種があり，両生類でもサンショウウオなどでは一対の濾胞集合体の甲状腺とは別に，下顎に accessory thyroid follicle が散在するが，カエルではまとまって一対存在する．爬虫類では1つのものが多い．

鳥類や哺乳類になると毛細血管が密に分布した器官になる．おそらく，恒温性，運動量の増大，体が大きくなったことなどに対応したのであろう．

4.14.2 ステロイドホルモンの生合成経路

ステロイドホルモンの生合成の過程は，ちょうど工場の組み立てラインのベルトコンベアーを原料が流れていくと，次々と部品が付加されて完成品が出来上がっていくように，原料のコレステロールが流れていくと（ここでは付加されるのではなく）余分な部分が切り離され，形を変えられていくイメージである（図4.40）．実際にベルトコンベアーがあるわけではないが，酵素はミトコンドリア内膜と滑面小胞体の膜にトラップされているようだ（膜貫通のものもある）．ただし，工場内のラインのように一直線の配列ではなく，ミトコンドリアと滑面小胞体にまたがって存在する，ちょっと変わった経路をとる．

その代謝経路だが，すべてのステロイド産生細胞が図4.40に描いた経路（つまり酵素）を備えているわけではない．典型的な例は副腎皮質である．副腎皮質は表面から内部に向かって，球状層，索状層，網状層と配列し

4章 進化の観点（系統発生）からホルモンを俯瞰する

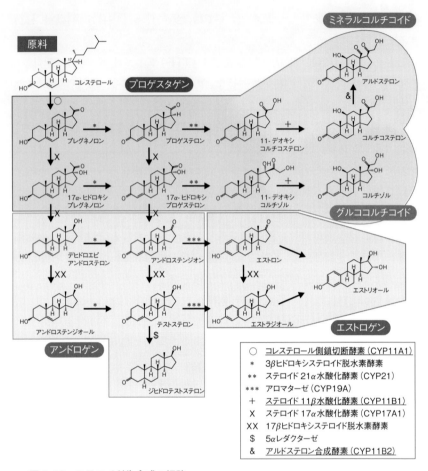

図4.40 ステロイド生合成の経路
　矢印のところでは酵素が働く．酵素名は慣用名（遺伝子名）で右下枠内に記した．下線はミトコンドリアに，その他は滑面小胞体にある．なおステップによっては両方向のものがあるが，すべて一方向矢印で表示してある．

ているが，球状層の細胞では，○，＊（図4.40の酵素の略記号，以下同じ）に加えて＊＊と&しか発現しておらず，ミネラルコルチコイドが産生される．&は+の働きも兼ね備えている．一方，索状層の細胞には，○，＊，＊＊に加えてxと+が発現していて，グルココルチコイドが産生される（図4.41）．

4.14 下垂体主葉ホルモンによって調節されるホルモン

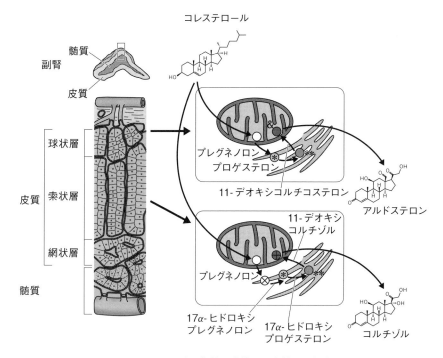

図 4.41 ヒト副腎皮質の球状層と索状層の細胞でそれぞれ起こるステロイド合成経路の模式図
白丸はコレステロール側鎖切断酵素,それ以外の略号は図 4.40 と同じ.網状層でのアンドロゲン産生は省略.

前者はアンギオテンシン II によって刺激され,後者は ACTH によって刺激される.

ここではヒトを例に挙げたが,副腎皮質にこのようなグルココルチコイドとミネラルコルチコイドの代謝系が備わるのは肉鰭類のハイギョと四肢動物からである.魚類ではミネラルコルチコイド系がないといわれてきた.最近になってミネラルコルチコイド受容体の存在が確認され,その内因性リガンドは 11-デオキシコルチコステロンであることが明らかになった.ミネラルコルチコイド代謝系は陸への上陸と関係して塩分を保持するために進化したと考えられている.魚類では鰓の塩類細胞がナトリウムイオンの排出あるい

は取り込みに関与していて，ミネラルコルチコイドによるナトリウムイオンの調節は必要ないのであろう．11-デオキシコルチコステロンと受容体の組み合わせは，脳で働いて行動に関与していると示唆されている（詳細は第V巻）．

一方，グルココルチコイドに関しては，ヒトではコルチゾルがおもなグルココルチコイドだが，他の哺乳類，鳥類，爬虫類，両生類ではコルチコステロンがおもなグルココルチコイドである．鳥類ではコルチコステロンがストレスに対応するために，さまざまな作用を示すことが示されている．他の動物でも同様であろう．

このように体内の細胞は，発生の過程で分化して組織ごとにどのような生産ラインを備えるかが決まっていく．たとえば，精巣のライディッヒ細胞や卵巣の顆粒膜細胞では，図4.40の左側の二列と右下の六角形の中の反応を触媒する酵素が発現している，といった具合である．

ステロイドホルモンは標的細胞のサイトソルの受容体に結合し，核内の遺伝子にHREを介して働きかけ，転写調節を行うことによりさまざまな反応を引き起こす．一つ一つのホルモンの働きを列挙する紙幅がないので省略するが，中枢神経系に働いて行動をも左右する．

ステロイドとその代謝系，および受容体は，進化のかなり初期に出現し，生物に普遍的にみられる分子であるが，進化にともなってこれらのホルモンがどのような働きを獲得してきたかなどは，まだまだ不明な点が多い．受容体，代謝経路の酵素タンパク質の遺伝子を比較することによって，これからもより確かな答えが得られるであろう．楽しみである．

セクレチンにしてもレプチンにしても，ペプチドあるいはタンパク質であれば，遺伝子に進化の痕跡があるはずで，それを手繰ればまた別の証拠を加えることができるはずである．しかしながら，ここまでいくつかの例を挙げて，ダーウィンの述べた「自然のもつ極上の技量の痕跡を明瞭に備えている」点を検証してきたので，進化の痕跡を探す旅は，ここでひとまず終わることにする．

4章 引用文献

4-1) Saito, D. *et al*. (2004) Neuroscience, **124**: 973-984.

4-2) Saito, D., Urano, A. (2001) J. Neurosci., **21**: RC178 (1-6).

4-3) Saito, D. *et al*. (2003) Neurosci. Let., **351**: 107-110.

4-4) Godwin, J., Thompson, R. (2012) Horm. Behav., **61**: 230-238.

4-5) Cardoso, S. C. *et al*. (2015) Physiol. Behav., **145**: 1-7.

4-6) Konno, N. *et al*. (2010) Peptides, **31**: 1273-1279.

4-7) 今野紀文（2014）比較生理生化学, **31**: 68-74.

4-8) Konno, N. *et al*. (2009) J. Exp. Biol., **212**: 2183-2193.

4-9) Konno, N. *et al*. (2010) Endocrinology, **151**: 1089-1096.

4-10) Piccinno, M. (2014) Fish Physiol. Biochem., **40**: 1191-1199.

4-11) Venkatesh, B. *et al*. (1992) Gen. Comp. Endocrinol., **87**: 28-32.

4-12) Scobell, S. K., Mackenzie, D. S. (2011) J. Fish Biol., **78**: 1662-1680.

4-13) Vu, H. T-K. *et al*. (2015) eLife, **4**: e07405.

4-14) Ichimura, K., Sakai, T. (2015) Anat. Sci. Int. DOI 10.1007/s1265-015-0317-7.
市村浩一郎（2014）比較生理生化学, **31**: 61-67.

4-15) 哺乳類の腎臓の発生については次のサイトが詳しい.
http://www.stembook.org/node/532.html#sec1-5

4-16) Romagnani, P. *et al*. (2013) Nat. Rev. Nephrol., **9**: 137-146.

4-17) 鈴木雅一・田中滋康（2014）生化学, **86**: 41-53.

4-18) Hollis, D. M. (2005) Brain Res., **1035**: 1-12.

4-19) Smeets, W. J. A. J., Gonzalez, A. (2001) Microsc. Res. Tech., **54**: 125-136.

4-20) Ford, S. S., Bradshaw, S. D. (2006) Gen. Comp. Endocrinol., **147**: 62-69.

4-21) Goldstein, D. L. (2006) Gen. Comp. Endocrinol., **147**: 78-84.

4-22) Guillette, L. J. *et al*. (1990) Theriogenology, **33**: 809-818.

4-23) Fenton, R. A., Knepper, M. A. (2007) J. A. Soc. Nephrol., **18**: 679-688.

4-24) Sands, J. M. *et al*. (2011) Trans. Am. Clin. Climatol. Ass., **122**: 82-92.

4-25) Raciti, D. *et al*. (2008) Genome Biol., **9**: R84.

4-26) Desgrange, A., Cereghini, S. (2015) Cells, **4**: 483-499.

4-27) Ocampo Daza, D. *et al.* (2012) Gen. Comp. Endocrinol., **175**: 135-143.

4-28) Yamaguchi, Y. *et al.* (2012) Gen. Comp. Endocrinol., **178**: 519-528.

4-29) Gruber, C. W. (2014) Exp. Physiol., **99**: 55-61.

4-30) 川田 剛（2012）比較内分泌学, **38**: 116-120.

4-31) Dow, J. A. T., Romero, M. F. (2010) Am. J. Physiol., **299**: F1237-F1244.
Weavers, H. *et al.* (2009) Nature, **457**: 322-327.

4-32) van Kesteren, R. E. *et al.* (1996) J. Biol. Chem., **271**: 3619-3626.

4-33) Kawada, T. *et al.* (2004) Biochem. J., **382**: 231-237.

4-34) 下記の日本比較生理生化学会の研究者データベースのサイトが詳しい.
http://wiki.jscpb.org/ ペプチド分子 %EF%BC%9A その構造と機能の多様性

4-35) Elphick, M. R., Mirabeau, O. (2014) Front. Endocrinol., **5**: 93-104.

4-36) Tsutsui, K. *et al.* (2010) J. Endocrinol., **22**: 716-727.

4-37) Lee, J.-H. *et al.* (1996) J. Nat. Cancer Inst., **88**: 1731-1737.

4-38) Ohtaki, T. *et al.* (2001) Nature, **411**: 613-617.

4-39) de Roux, N. *et al.* (2003) Proc. Natl. Acad. Sci. USA, **100**: 10972-10976.

4-40) Seminara, S. B. *et al.* (2003) New Engl. J. Med., **349**: 1614-1627.

4-41) http://www.chm.bris.ac.uk/motm/kisspeptin/kisspeptinh.htm より.

4-42) Pasquier, J. *et al.* (2014) J. Mol. Endocrinol., **52**: T101-T117.

4-43) Kanda, S., Oka, Y. (2013) "Kisspeptin Signaling in Reproxuctive Biology, Advances in Experimental Medicine and Biology" Kauffman, A. S., Smith, J. T., eds., Springer-Verlag, p. 9-26.

4-44) Tsutsui, K. *et al.* (2000) Biochem. Biophys. Res. Commun., **275**: 661-667.

4-45) Kriegsfeld, L. J. *et al.* (2010) J. Neuroendocrinol., **22**: 692-700.

4-46) Ubuka, T. *et al.* (2013) Gen. Comp. Endocrinol., **190**, 10-17.

4-47) Tsutsui, K. *et al.* (2013) Front. Neurosci., **7**: 60.

4-48) Fernald, R. D., White, R. B. (1999) Front Neuroendocrinol., **20**: 224-240.

4-49) Dubois, E. A. *et al.* (2002) Brain Res. Bull., **57**: 413-418.

4-50) Kim, D.-K. *et al.* (2012) Front Neurosci., **6**: 3.

4-51) Williams, B. L. *et al.* (2014) BMC Evol. Biol., **14**: 215.

4-52) Lovejoy, D. A. *et al.* (2014) J. Mol. Endocrinol., **52**: T43-T60.

4-53) 佐藤行人・西田 睦（2009）魚類学雑誌, **56**: 89-109.

4-54) Dores, R. M., Baron, A. J. (2011) Ann. N.Y. Acad. Sci., **1220**: 34-48.

4-55) Forsyth, I. A., Wallis, M. (2002) J. Mamm. Gland Biol. Neoplasia, **7**: 291-312.

4-56) Woycechowsky, K. J., Raines, R. T. (2002) Curr. Opin. Chem. Biol., **4**: 533.

4-57) Bulleid, N. J., Ellgaard, L. (2011) Trend Biochem. Sci., **36**: 485-493.

4-58) Vitt, U. A. *et al.* (2001) Mol. Endocrinol., **15**: 681-694.

4-59) Uchida, K. *et al.* (2013) Fish Physiol. Biochem., **39**: 75-83.

4-60) Hsu, S. Y. *et al.* (2002) Mol. Endocrinol., **16**: 1538-1551.

4-61) Nakabayashi, K. *et al.* (2002) J. Clin. Invest., **109**: 1445-1452.

4-62) Kubokawa, K. *et al.* (2010) Integr. Comp. Biol., **50**: 53-62.

4-63) Santosm, S. Dos. *et al.* (2011) BMC Evol. Biol., **11**: 332-349.

4-64) Park, J. *et al.* (2005) Endocrine, **26**: 267-276.

4-65) Sun, S. C. *et al.* (2010) J. Bio. Chem., **285**: 3758-3765.

4-66) Sower, S. A. *et al.* (2015) Endocrinology, **156**: 3026-3037.

4-67) Hiruta, J. *et al.* (2005) Dev. Dynam., **233**: 1031-1037.

4-68) Lee, H-J. *et al.* (2009) Prog. Neurobiol., **88**: 127-151.

4-69) Cadwell, H. K. *et al.* (2008) Prog. Neurobiol., **84**: 1-24.

5. 個体発生の視点からホルモンを見直す

3章でアドレナリンについて述べたときに，アドレナリンが副腎髄質と交感神経節後ニューロンでつくられると聞いて，ニューロンと内分泌細胞なのにどうして同じ分子がと思ったのではないだろうか．その謎は，個体の発生を追いかけるとすぐに解ける．交感神経の節後ニューロンは，脊髄の両側を走る交感神経幹と呼ぶ神経繊維の束の途中に20か所ほどある交感神経節という膨らみの中に本体（soma）がある．これらのニューロンは，発生の初期に神経管が形成される際に生じる神経冠（neural crest，神経堤ともいう）から細胞が移動したものである．この神経冠細胞のうち一部のものは，発生の時に神経節にとどまらず，さらに移動して腎生殖隆起から生じた副腎皮質の原基と一緒になって腎臓を形成する．副腎髄質は大型化した交感神経節なのである．そのため髄質の細胞は交感神経節前ニューロンの制御を受けることになる．

アドレナリンはFight or Flight（戦うか逃げるか）反応を起こす神経伝達物質である．おそらく体が大きくなったために，神経系だけではFight or Flight反応を十分に達成できなくなったので，まとめて多量に血中に分泌する手段として，進化の過程で副腎髄質が生まれたのだろう．

このように，個体発生の過程を追うことによって見えてくるものがある．

5.1 副腎の発生

5.1.1 皮質と髄質の出自

冒頭に述べたように，副腎の髄質と皮質では発生の由来が異なり，皮質は中胚葉由来の腎生殖隆起から分化し，髄質は外胚葉由来の神経冠細胞が分化

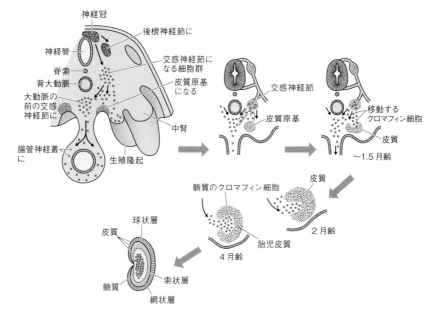

図 5.1 ヒトの副腎の発生を示す模式図
左上の図では，便宜的に心臓神経冠から坐骨神経冠までの広い範囲のものを合わせて描いている．(Review of Medical Embryology by Ben Pansky を改変)

したものである（図 5.1）．そのため，髄質は交感神経節の大型版ともいえる．髄質を構成する細胞は，クロマフィン細胞（chromaffin cell，クロム親和性細胞ともいう）と呼ばれ，交感神経節後神経とは親戚筋にあたり，細胞内にはアドレナリン，ノルアドレナリン，さらにエンケファリンを含んだ多数のクロマフィン顆粒が存在する．ホルモンの放出は，節前繊維にあたるアセチルコリンを含む神経によって調節されている．

副腎は名前の通り，哺乳類では腎臓の上端に乗っかった格好をしている．それではどうして 2 つの異なる由来の組織が 1 つになった副腎がこんな位置にあるのだろうか．

発生の途上で神経管と表皮のつなぎ目の細胞群が神経管から離れ，神経冠細胞に分化して移動するためには，上皮から間充織への転換が必要で，そこ

には Wnt*5-1 タンパク質や骨形成タンパク質（BMP）の発現，N-カドヘリンの発現消失など，いくつかのイベントが次々と起こる必要がある．

これらの因子は，周りの細胞にだけ液性情報を送るので，いわゆる傍分泌である．Wnt タンパク質は 7 回膜貫通型受容体 Frizzled タンパク質と結合して細胞内に信号を送る．

発生の過程は，このように適切な時に適切な場所で遺伝子の発現が起こり，接着タンパク質や細胞骨格タンパク質の発現を変え，傍分泌性のペプチド・タンパク質を分泌し，あるいは受容して細胞内の信号系で情報を細胞内に伝え，細胞の性質を転換していく過程である．こうして遊走を始めたクロマフィン細胞前駆体は，コンタクトガイダンスによって目的地へたどり着く，と考えられている．

こうして皮質にくるまれた細胞群はクロマフィン細胞となって髄質を形成し，アドレナリンを分泌するようになる（図 5.1 参照）．アドレナリンの生合成についてはすでに図 3.6 に示したが，これらの過程も 4 章のステロイド合成で述べたのと同じように，それぞれのステップで酵素が働いている．

① 原料のチロシンからドーパへは，チロシン 3-モノオキシゲナーゼ（チロシンヒドロキシラーゼ）
② ドーパからドーパミンへは，芳香族-L-アミノ酸デカルボキシラーゼ
③ ドーパミンからノルアドレナリンへは，ドーパミン β ヒドロキシラーゼ
④ ノルアドレナリンからアドレナリンへは，フェニルエタノールアミン N-メチルトランスフェラーゼ

これらの酵素のうち，③の過程を触媒するドーパミン β ヒドロキシラーゼはクロマフィン顆粒膜にあり，その他の酵素はサイトソルにある（④の酵素も顆粒内にあるという説もある）．クロマフィン顆粒内にはエンケファリンやクロモグラニンなどのペプチドも含まれている．これらを考慮して髄質細

---

*5-1 キイロショウジョウバエ（*Drosophila melanogaster*）の発生の研究で見つかった Wingless（Wg）と，マウスでプロトオンコジーンとして見つかった integration1（int1）がホモログだとわかり，両者を合成してこう呼ばれるようになった．哺乳類では Wnt は 19 種類ある．

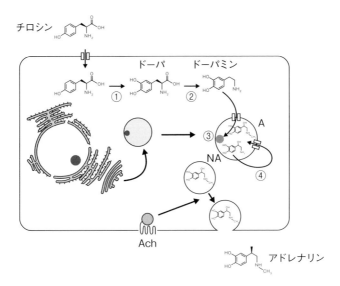

図 5.2　副腎髄質細胞におけるクロマフィン顆粒の生成とアドレナリン生合成との関係を示す模式図
番号は本文と対応する．酵素は膜に結合した③以外は描いていない．クロマフィン顆粒内のペプチドも省略してある．NA：ノルアドレナリン，A：アドレナリン，Ach：アセチルコリン

　胞内でのアドレナリンの合成を図にすると**図 5.2** のようになる．原料のチロシンは細胞内でフェニルアラニンからつくられる場合もある．

　クロマフィン顆粒膜にある小胞モノアミン輸送体（vesicular monoamine transporter, VMAT）がドーパミンを顆粒内に運び込む．VMAT は水素イオンとのアンチポーターで，ATP を使って顆粒内に H^+ の高い濃度勾配をつくり，それを駆動力としてドーパミンを取り込んでいる．

　神経冠細胞は交感神経節や副腎髄質ばかりでなく，さまざまな器官や組織の材料となる．頭部のものは頭骨や顎，さらには耳小骨になり，体幹部のもののうち腹側に移動したものはすでに述べたように交感神経ニューロンやクロマフィン細胞になり，表皮と体節の間を移動したものは黒色素細胞になる．神経冠細胞がこのように多彩な分化を遂げるメカニズムについてはまだ不明な点も多いが，神経冠細胞から交感神経節後ニューロンあるいはクロマフィ

ン細胞への誘導は，遊走後かなり後になって決定されるらしい．

5.1.2 皮質と髄質のクロストーク

これまでは前駆細胞の培養実験の結果から，グルココルチコイドがニューロンに特異的な構造である軸索や樹状突起の分化を抑制して，クロマフィン細胞に分化させると考えられてきた．ところがグルココルチコイド受容体遺伝子をノックアウトしたマウスでも分化は正常に起こるので，この考え方に疑問がもたれるようになり，現在ではBMPや複数の転写因子が関係していると考えられている[5-1)]．ただしグルココルチコイドが何の役割も果たしていないというわけではない．グルココルチコイドはクロマフィン細胞の維持に重要で，コルチゾルが④の酵素活性を上げることがわかっている[5-2)]．

さらに，髄質のクロマフィン細胞が産生するカテコールアミンは，皮質のステロイドホルモン産生に関する遺伝子の転写を促進して，ホルモン合成を刺激している．クロマフィン顆粒中のさまざまなペプチド［エンケファリンやクロモグラニンに加えて，VIP，AVP，下垂体アデニル酸シクラーゼ活性化ポリペプチド（PACAP）］もステロイド合成の制御に関与しているらしい[5-3)]．髄質と皮質の間には仕切りがないので，両者は傍分泌によってお互いに信号を送りあうことができるのである．

両者の相互関係は *in vitro* の培養実験でも示されている．皮質細胞を単独で培養するとステロイド産生の過程を触媒する酵素の転写量が落ちてしまうが，共培養すると回復する．

さらに両者に相互作用が必要なことは，遺伝子を操作した研究からも示されている．たとえば図4.40のステロイド21α水酸化酵素（CYP21，**で表示）は副腎でのステロイド産生経路のキーとなる酵素だが，この酵素が欠損しているマウスでは，副腎皮質の重篤な機能不全が見られる．それとともにこのマウスではクロマフィン細胞がうまく機能しなくなる．ヒトのCYP21遺伝子を，アデノウイルスをベクターとして導入すると，これらの機能不全は回復する．

逆のこともチロシンヒドロキシラーゼのノックアウトマウスで明らかに

なっている．この動物ではカテコールアミンがつくられないばかりでなく，皮質細胞のミトコンドリアと滑面小胞体の発達が損なわれるのである．

5.1.3 他の動物では？

ここまでは，主としてヒトの副腎髄質を中心に話を進めてきたが，脊椎動物のすべてで哺乳類の副腎のような形態と構造をとるわけではない．哺乳類以外の脊椎動物の副腎に相当する構造は，脊椎動物の各綱によってだいぶ異なっている（図 5.3）．

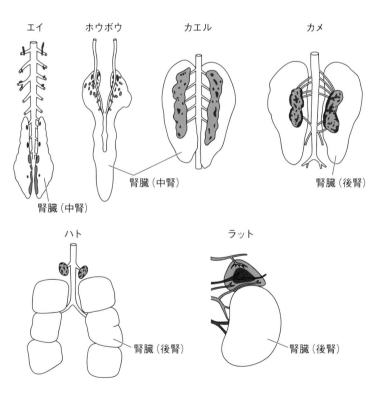

図 5.3 脊椎動物の副腎の形態
濃い部分はクロマフィン細胞（ラットでは髄質），薄い部分はステロイド産生細胞（ラットでは皮質）．なお，エイからハトまでは動脈を，ラットでは腎臓近くの動脈と静脈を描いている．（『内分泌器官のアトラス』講談社より改変）

軟骨魚類ではステロイド産生細胞の集団とカテコールアミン産生細胞の集団は，別々な塊となって大動脈に沿って散在している．硬骨魚類では両者はより近づいて，腎臓の前部（頭腎と呼ぶ）の後主静脈の近くに散在し，間腎腺（interrenal gland）と呼ばれる．

両生類や爬虫類になると，ステロイド産生細胞は腎臓の腹面に薄く張り付くようになり，カテコールアミン産生細胞はその中に埋まるように散在する．鳥類になると一対の器官になるが，やはりステロイド産生細胞集団の中にカテコールアミン産生細胞集団が混ざったような形をとる．そのため，皮質に該当するステロイド産生細胞からなる構造を間腎組織（interrenal tissue），髄質に該当する構造をカテコールアミン産生組織と呼ぶことがある．

こうして哺乳類になって初めて，ステロイド産生細胞集団は皮質と呼べる構造となり，3つのゾーンが形成される．

それでは哺乳類以外の動物でも，ステロイド産生細胞とカテコールアミン産生細胞の間のクロストークはあるのだろうか．

魚類にはアルドステロン産生の鍵となるアルドステロン合成酵素（CYP11B2）がないのでアルドステロンは生成されない．代わりに 11-デオキシコルチコステロンがミネラルコルチコイド受容体に結合する．間腎組織を構成するステロイド産生細胞も1種類のようだ．また，ステロイド産生細胞とカテコールアミン産生細胞の間の相互作用についてはよくわかっていない．

陸に移行した両生類以降では，両者のクロストークが生まれたようである．カエルのステロイド産生細胞とカテコールアミン産生細胞を共培養して，クロマフィン細胞だけに作用する薬物を使って刺激を与えると，クロマフィン細胞だけでなくステロイド産生細胞も刺激される．その際，Fosタンパク質の発現が起こり，コルチコステロイド（コルチコステロンとアルドステロン）の分泌が誘導された [5,4]．この実験ではステロイド産生細胞からクロマフィン細胞への関与は示されていない．

このように，2つの起源の異なる細胞群が近くに寄ってクロストークをするのは，ストレスに対して多面的に対応するためには理に適っている．おそらくそのような淘汰圧がかかったのであろう．また哺乳類になって球状層と

いうミネラルコルチコイド産生のためのゾーンができたのは，高い血圧の維持とその制御のために，アルドステロンの産生能を高め，ファインチューニングするためなのであろう．

　水と塩類代謝については4章で述べたが，これらと並行してアクアポリンでも同じような進化が起こっているのは興味深い[5-5]．アクアポリンでも同じような進化の跡が見られるのである．陸上に移行するために必要な，あらゆる適応的な遺伝子の変更が前適応で用意されていて，移行に伴って発現するようになったのであろう．

　このように，個体の発生を観察すると見えてくるものがある．とくに最近は，単なる発生にともなう形態を比較するだけでなく，タンパク質や遺伝子のレベルで比較，解釈するエボデボ（Evo-Devo；evolutionary developmental biology を略してこう呼ぶ）からのアプローチがさかんに行われている．

5.2　GnRH ニューロンの発生にともなう移動

5.2.1　思春期が来ない，嗅覚がない

　カルマン症候群という遺伝性の疾患がある．この疾患の患者は，体の成長は正常なのだが低生殖腺刺激ホルモンで思春期の到来がなく，男性は無精子，女性は不妊となる．興味深いことに，もう1つの症状として嗅覚が低下した嗅覚低下症あるいは完全に失った無臭症となる（味覚は正常）．

　原因を調べてみると血中の生殖腺刺激ホルモンが低下し，その結果，性ステロイドホルモンも低下していた．GnRH を投与すると生殖腺刺激ホルモンの分泌が誘導されるので，下垂体前葉の生殖腺刺激ホルモン産生細胞の欠陥ではなく視床下部に問題があり，GnRH1 ニューロンがないためであった．また，嗅覚がないのは，大脳の先端にある嗅球の形成不全であった．

　GnRH ニューロンと鼻とはどんな関係なのだろうか．そこで発生にともなう GnRH ニューロンの挙動を調べていくと，GnRH1 ニューロンは前部視床下部に最初からあるのではなく，発生の過程でもっと前方から，終神経に沿って移動してくることが明らかになった[5-6, 5-7]．

　その前方というのは，前脳の先端が接する外胚葉の肥厚部で，将来鼻にな

5章　個体発生の視点からホルモンを見直す

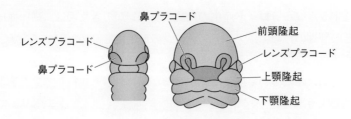

図5.4　胎生5週から6週のヒト胎児の鼻プラコードの位置

る鼻プラコード（nasal placode, 鼻板とも言う）であった（**図5.4**）．よく調べてみると，発生が進むと，鼻プラコードから嗅上皮と鋤鼻器になる部域で生じたGnRH1ニューロン前駆体は，嗅神経に沿って移動し，篩骨の櫛板に該当する部位を通過して脳内に入り，嗅球に達して，そこからは終神経の上を這い進んで視床下部に達する[5-8〜5-10]ので，移動の道筋が作られているように見える（**図5.5**）．

　カルマン症候群の原因の1つは，接着タンパク質（anosomin-1）をコードする遺伝子に異常があり，嗅神経の移動とともにGnRH1ニューロンも移動できなくなっていたのである（実際はもっと複雑であるが，省略して述べている）．

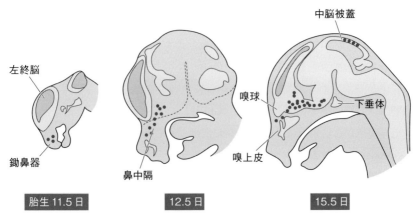

図5.5　マウスGnRH1ニューロンの移動経路
　　黒丸はGnRHニューロンをあらわす．（文献5-8より）

5.2.2 GnRH1 ニューロンは神経冠細胞由来

さらに，この話はもう一度，展開する．上では「鼻プラコード内で生じた」と書いたが，GnRH1 ニューロンはすべてがそこで生じたのではなく，一部のニューロンはさらに別なところから移動してきていた．どこからかというと，頭部領域の神経冠であった．GnRH1 ニューロンの一部は神経冠細胞由来だったのである[5-11]．脊椎動物の頭部の構造の発生は非常に複雑で，すでに述べたように頭部領域の神経冠細胞は，長骨とは性質の異なる膜性骨となって頭骨を形成し，さらに下顎や耳小骨になり，第 5, 7, 9, 10 脳神経節の感覚神経ニューロン，シュワン細胞，顔面の骨格筋を形成する．さまざまな誘導因子による神経冠細胞の分化の様子がしだいに明らかになってきている[5-12]．

これまでは哺乳類の GnRH1 ニューロンについて述べてきたが，魚類から鳥類まで，下垂体主葉の生殖腺刺激ホルモンの分泌を誘導する GnRH ニューロンは，同じように鼻の原基から移動してくることがわかっている．ホルモン受容体の多くは GPCR であるが，嗅覚の受容体も cAMP をセカンドメッセンジャーとする GPCR である．これらがどう関係するか，まだわからないことが多いが，光感覚器である網膜のロドプシンが 7 回膜貫通型の受容体であるように，嗅覚や光感覚とホルモンは根源のところで関係しあうのかもしれない．

5.3 甲状腺と咽頭弓（鰓性）器官の発生

5.3.1 傍濾胞細胞と副甲状腺の発生

4 章で甲状腺について述べたときには触れなかったが，ヒトの甲状腺には濾胞と濾胞の間に散在あるいは濾胞上皮内に入り込んだ傍濾胞細胞（C 細胞ともいう）と，正面から見ると甲状腺の裏側にあたる部分に張り付いた上下 2 対 4 個の副甲状腺（上皮小体ともいう）が存在する．ただし，ラットやマウスでは副甲状腺は 1 対 2 個である．甲状腺と一緒に述べなかったのは，じつはこれらの細胞と器官は甲状腺とは由来が異なるからである．

傍濾胞細胞からはカルシトニンというペプチドホルモン（アミノ酸 32 個）

が分泌され，副甲状腺からは副甲状腺ホルモン（PTH，別名パラトルモン）というペプチドホルモン（アミノ酸84個）が分泌される．前者は血中カルシウムイオン濃度を下げるように働き，後者は逆に血中カルシウムイオン濃度を上昇させるように働く．このカルシウムイオンの貯蔵場所は骨で，カルシトニンとPTHは破骨細胞（osteoclast）と骨芽細胞（osteoblast）に働きかけて，骨からカルシウムイオンを出し入れして，血中の濃度を一定に保っている．

カルシトニンは，骨に働きかけてカルシウムイオンを取り込むように働くほか，腎臓でのカルシウムイオン再吸収を抑制する．一方，PTHは骨に働きかけてカルシウムイオンを溶出させるとともに，腎臓の遠位尿細管とヘンレのループ上行脚におけるカルシウムイオンの再吸収を促進（尿への排出を抑制）し，さらに活性型ビタミンD（1,25-ジヒドロキシコレカルシフェロール）への変換を促進して腸におけるカルシウムイオンの吸収を促進する．このように2つのホルモンが，血中カルシウムイオンの濃度が一定の範囲に収まるように絶妙にバランスをとっている（ホメオスタシスの好例．第Ⅴ巻で詳述）．5.3.3項で両ホルモンの働きは詳しく述べるが，全体像をまとめておくと**図5.6**のようになる．ちなみに活性型ビタミンDは，ステロイドホルモンと同じように，核内受容体と結合して作用を表すホルモンである．

脊椎動物の中軸骨格とそれに付属した四肢の骨は，陸上へ上がるために重要な要素だった．さらに，運動の方向性が明瞭になり，感覚器が進行方向の先端に集まり，それを処理する脳が先端で発達する頭部集中化（encephalization）が起こり，この傷つきやすい脳を保護するために頭骨が必要になる．これらの部品はいずれも頭部神経冠由来の細胞からつくられる．咀嚼器としての顎と歯も同様である．万能な神経冠細胞がなければ，これらの進化はなしえなかったであろう．こうして節足動物と違って体を内側から支えられるために，脊椎動物では体のサイズを大きくすることができるようになる．

カルシウムイオンの制御はこのためにきわめて重要だったに違いない．実は傍濾胞細胞も副甲状腺も，頭部の神経冠が関係する．ここでまたまた神経

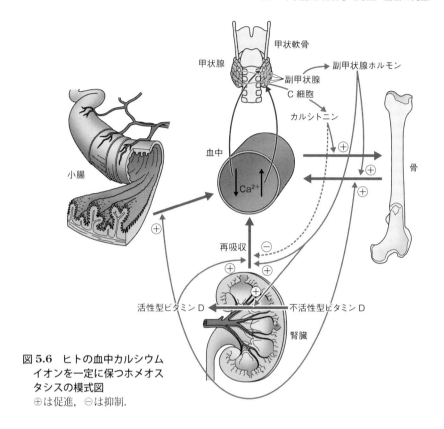

図 5.6 ヒトの血中カルシウム
イオンを一定に保つホメオス
タシスの模式図
⊕は促進，⊖は抑制．

冠が出てきたので，ちょっとおさらいをしておこう．5.1 節の副腎髄質の発生で述べた神経冠細胞は，体幹部神経冠に由来する．5.2 節で述べた GnRH1 ニューロンとなる神経冠細胞は，頭部神経冠（前方）に由来する．ここで述べている傍濾胞細胞は頭部神経冠（後方）に由来し，副甲状腺は神経冠細胞によって内胚葉細胞から誘導されたものだと考えられている．その発生の過程を見てみよう．

ヒトの場合，胎生の 3 週から 5 週にかけて，頭部と頸部の発生にとって重要な構造が一時的に現れる．咽頭弓（pharyngeal arch，鰓弓という場合もある）である．この時期に，将来の頸部にあたる位置に，前方から順に突起状の膨らみが腹側に向かって伸びだし，やがて左右が正中でぶつかって融合し，

分節した籠状の構造をつくる．突起は外面を外胚葉上皮で，内側を内胚葉上皮で包まれ，内部は中胚葉組織と神経冠から移動した神経冠細胞で満たされる（図5.7）．

突起は全部で5対あり，1から6まで番号を付して第1咽頭弓～第6咽頭弓と呼ぶ（第5咽頭弓は退化して消失している）．また第6咽頭弓も痕跡的なので，実質的には4対である．咽頭弓と隣の咽頭弓の間の外側の溝を咽頭溝，内側の溝（すなわち内胚葉上皮の凹み）を咽頭嚢と呼んでいる（図5.7）．それぞれの咽頭弓内には，軟骨，血管，神経，筋肉の要素が含まれている．

発生が進むと，咽頭溝は第1咽頭溝を除いて消失し，第1だけが外耳道として残ることになる．したがって第1咽頭溝と対面する第1咽頭嚢は，将来の鼓室と耳管になることがわかる．ちなみに第1咽頭弓は前後に分かれて，前の方が上顎隆起に，後の方が下顎隆起になる（図5.4参照）．そのため第1咽頭弓を顎骨弓と呼ぶこともある．

以下，第2咽頭嚢からは口蓋扁桃，第3からは副甲状腺（下のペア）と胸腺，

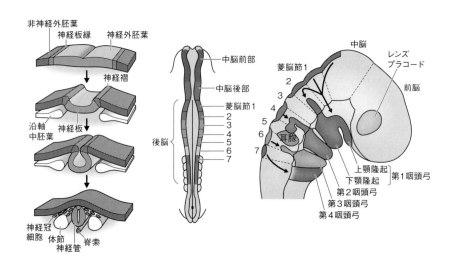

図5.7 神経冠の形成と神経冠細胞が移動して咽頭弓ができる模式図

第4からは副甲状腺（上のペア）と鰓後腺（鰓後体と呼ぶこともある，後で傍濾胞細胞になる）の原基が生じる．これらの原基は，発生が進むと元の場所からくびれ切れて離れ，移動して最終場所に落ち着く．鰓後腺は甲状腺の中へ，副甲状腺は甲状腺の裏側に，しかも位置が上下，逆になって落ち着く．胸腺はずっと下がって，心臓の上にかぶさるように位置することになる（図5.8）．

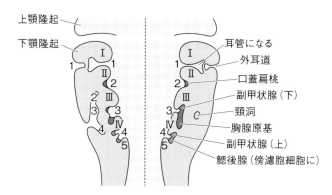

図5.8　咽頭弓を構成する咽頭嚢からの内分泌器官の発生
　左から右に進む．

　ヒトの場合でも，発生の過程では鰓後腺が第5咽頭嚢から生じるが，甲状腺の位置に移動してばらばらになり，傍濾胞細胞に変わる．哺乳類以外の脊椎動物では，鰓後腺は甲状腺から離れた位置に，独立して存在する．成体の甲状腺だけを見ていると，傍濾胞細胞の素性はわからないが，発生の過程を観察すると他の脊椎動物の鰓後腺と相同であることが理解できる．
　この他，咽頭弓からは，頭部・頸部のさまざまな器官や構造が生まれるが，内分泌から離れ過ぎるので省略する．

5.3.2　顎から見える脊椎動物の起源
発生の途中で一時的に現れるこれらの咽頭弓は，明らかにナメクジウオやヤツメウナギ幼生にみられる鰓嚢と相同な構造である（図4.39参照）．進化

の過程で，これらの器官が魚類では鰓を支える鰓弓となり，それが咽頭弓になったと考えられている．

　咽頭弓が前方から後方へ順次，発生していく過程（**図5.7**）は，複数のホメオティック遺伝子（Homeotic gene, *Hox*遺伝子）が順次発現することにより制御されている（実際はさらに多数の調節遺伝子が関与するが）．上に述べた証拠としてヤツメウナギでもこの*Hox*遺伝子の発現が同様な方式で起こっていることが示されている[5-13]．したがって顎のない無顎類（現生の円口類）に，すでに将来の顎を含む咽頭弓を誘導する遺伝子セットがそろっていることになる．さらに最近の研究では，顎口類（脊椎動物のうち無顎類を除いたもの）の特徴であると考えられてきた脳の部域化（発生の過程で神経管から生じた中空の管の先端部が，大脳，間脳，中脳，後脳に分かれること）が，円口類にも見られることが示されている[5-14]．

　また神経冠細胞も脊椎動物に特有な細胞群で，分類の手掛かりになると考えられてきた．ところが，ごく最近になってユウレイボヤのオタマジャクシ幼生で，神経板縁（境界部）の細胞は双極性の突起をもつニューロンに分化し，これが遊走性を示して沿軸中胚葉に沿って移動して求心性のニューロンとなり，表皮の感覚細胞および運動ニューロンとシナプスを形成すること，また色素細胞にも分化することが報告された[5-15]．つまり，尾索類にすでに神経冠細胞の前駆細胞が存在し，基本的な遺伝子セットがあるらしいということである[5-16, 5-17]．さらに，神経冠細胞の起源を示唆するものとして，この細胞に特有な膜抗原であるHNK-1が，ウニのプルテウス幼生の繊毛体に存在するという指摘がある[5-18]．起源をさらに遡ることができるのかもしれない．

　ここで述べたことと，これまで何回か述べてきたゲノムの大規模重複を考慮した，初期の脊椎動物の起源に関する系統関係を**図5.9**に載せておく[5-19]．これは脊椎動物のみの系統関係を示した**図1.10**を補うものである．また脊索動物を門から上門に，頭索，尾索，脊椎動物をそれぞれ亜門から門に格上げすることも最近の研究に従った．

5.3 甲状腺と咽頭弓（鰓性）器官の発生

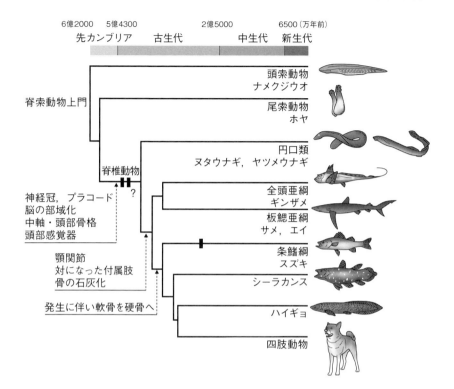

図 5.9 最近のゲノム解析等をもとにした頭索，尾索，脊椎動物の出現時期と系統関係
黒塗り長方形は大規模ゲノム重複を示す．その時期については必ずしも確定したものではない（特に？のついたもの）．（文献 5-19 を改変）

5.3.3 カルシウム代謝との関連

話が少しそれてしまったが，副甲状腺・鰓後腺とカルシウム代謝の話に戻ろう．

5.3.1 項で述べたように，傍濾胞細胞がカルシトニンを分泌する．

ヒトの場合，プレプロホルモンとして翻訳され，カルシトニンとカタカルシン（katacalcin）を生成する（**図 5.10 上**）．カルシトニンは骨にある破骨細胞の細胞膜上の受容体（GPCR で $G\alpha_s$ と共役）に結合して活性を抑制し，

5章 個体発生の視点からホルモンを見直す

<u>MGFQKFSPFL ALSILVLLQA GSLHA</u>APFRS ALESSPADPA TLSEDEARLL   50
LAALVQNYVQ MKASELEQEQ EREGSSLDSP RS**KR**<u>CGNLST CMLGTYTQDF   100
NKFHTFPQTA IGVGAP</u>**GKKR** DMSSDLERDH RPHVSMPQNA N

<u>MGFQKFSPFL ALSILVLLQA GSLHA</u>APFRS ALESSPADPA TLSEDEARLL   50
LAALVQNYVQ MKASELEQEQ EREGSRIIAQ **KR**ACDTATCV THRLAGLLSR   100
SGGVVKNNFV PTNVGSKAFG **RRR**RDLQA

図 5.10 翻訳直後のヒトのカルシトニン（上）とカルシトニン遺伝子関連ペプチド（下）のアミノ酸配列
下線部はシグナルペプチド．太字の塩基性アミノ酸ペアのところで切り離されて，上の配列ではカルシトニン（太下線部）とカタカルシン（二重下線部）に，下の配列ではカルシトニン遺伝子関連ペプチド（破線下線部）になる．

カルシウムイオンの溶出を抑えて，相対的に骨芽細胞による骨形成を高める．さらに腎臓の尿細管でのカルシウムイオンの再吸収を抑制して，尿中へ排出に歯止めをかけない．こうして血中のカルシウムイオンを低くする（図 5.6）．

一方のカタカルシンはアミノ酸残基数 21 のペプチドで，血中のカルシウムを低下させる働きがあるとされるが，詳しいことはよくわかっていない．

もう 1 つややこしいことがある．カルシトニン遺伝子は 11 番染色体上の 11p15.2 にあるが，同じ遺伝子を使いスプライシングの位置の違いによって別のホルモンが生み出されている（選択的スプライシング）．それがカルシトニン遺伝子関連ペプチドである（図 5.10 下）．

図 5.10 のアミノ酸配列を見るとわかるが，先頭から 75 番目のアミノ酸までは同一で，後半部分が異なっているのがわかる．3 つのホルモンをコードする遺伝子と転写，翻訳の様子を示すと図 5.11 のようになる．同じ遺伝子を切り分けることによって，働きの異なる 2 種類のホルモンをつくっていることになる．

カルシトニン遺伝子関連ペプチドは傍濾胞細胞ではなく，末梢と中枢の神経系にあるニューロンで発現していて，強力な血管拡張作用がある．またこのペプチドの受容体が体内のあちこちの組織，器官にあるので，まだわからない作用があるらしい．

これまで述べたカルシトニン遺伝子関連ペプチドは α 型で，じつはもう 1 つ β 型もあり，こちらの遺伝子は同じ 11 番染色体の少し離れた位置にある．

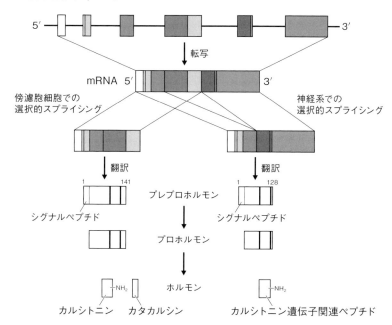

図 5.11　ヒトのカルシトニンとカルシトニン遺伝子関連ペプチドの転写・翻訳の過程を示す模式図
　上3列の白四角はノンコーディング・エキソン．プレプロホルモンとプロホルモンを示す長方体中の太線は，図 5.10 の塩基性アミノ酸ペアに相当する．

明らかにタンデム（縦列）に重複した結果であると思われるが，詳しいことは省略する．

　5.3.1 項で述べたように，副甲状腺が PTH を分泌する．

　ヒトの場合，PTH はやはりプレプロホルモンとして翻訳され，シグナルペプチドが切り離された後，N 末端側の 6 アミノ酸残基が切り離され，アミノ酸残基数 84 の PTH になる（**図 5.12 上**）．

　PTH は，骨芽細胞の細胞膜にある受容体と結合して骨芽細胞を刺激し，RANKL（NFκB 活性化受容体リガンド；サイトカイン TNF の一種）という膜タンパク質の発現を誘導する．このタンパク質は1回膜貫通型のタンパク質だが，C 末端側の半分ほどを切り離して，可溶型のリガンドもつくり出

```
MIPAKDMAKV MIVMLAICFL TKSDGKSVKK RSVSEIQLMH NLGKHLNSME  50
RVEWLRKKLQ DVHNFVALGA PLAPRDAGSQ RPRKKEDNVL VESHEKSLGE 100
ADKADVNVLT KAKSQ 115

MQRRLVQQWS VAVFLLSYAV PSCGRSVEGL SRRLKRAVSE HQLLHDKGKS  50
IQDLRRRFFL HHLIAEIHTA EIRATSEVSP NSKPSPNTKN HPVRFGSDDE 100
GRYLTQETNK VETYKEQPLK TPGKKKKGKP GKRKEQEKKK RRTRSAWLDS 150
GVTGSGLEGD HLSDTSTTSL ELDSRRH 177
```

図5.12 翻訳直後のヒトのPTH（上）と副甲状腺ホルモン関連タンパク質（下）のアミノ酸配列
　下線部はシグナルペプチド．（上）太下線部：PTH．（下）太下線部：PTHrP1-36，二重下線部：PTHrP38-94，破線下線部：オステオスタチン．

す．近場の細胞には直接タッチして刺激するとともに，離れた細胞にも飛び道具（可溶性リガンド）で刺激を伝えることができる．骨ではRANKLによって刺激を受けるのは破骨細胞で，細胞表面のRANKLに対する受容体（ややこしいがRANKという）で刺激を受け取る．すると刺激を受けた幼若破骨細胞は集合して多核の活性型破骨細胞になり，骨に取り付いて骨吸収（bone resorption），すなわち骨を壊してカルシウムイオンを溶出する．こうして血中のカルシウムイオンの濃度が上がる（図5.6）．

　副甲状腺の細胞には細胞外のカルシウムイオンを検知するカルシウム感知受容体（GPCRである）があって，この受容体で血中のカルシウムイオンの濃度を常に検知し，低くなるとPTHが分泌される．

　ここまでは，カルシウム代謝のうち「血中カルシウムイオン濃度を上げるのはPTH」という図式だが，もう1つややこしいことがある．がん患者が高カルシウム血症になることから，腫瘍はPTH様の因子を出しているのではないかと以前から指摘されていた．これを受けて多くの研究が行われ，実際に腫瘍からPTHに似たタンパク質が単離され，副甲状腺ホルモン関連タンパク質（PTHrP）と名づけられ，さらに遺伝子がクローニングされた．その結果わかったことは，ヒトのPTHrPもやはりプレプロホルモンとして転写・翻訳され，アミノ酸残基数141のプロホルモンは塩基性ペアのところで切られて，PTHrP1-36（アミノ酸残基数36），PTHrP 38-94（アミノ酸残基数

57),オステオスタチン(アミノ酸残基数33)になることであった[5-20] (**図5.12 下**).

PTHとPTHrP1-36のアミノ酸配列を比べてみると,N末端の13のアミノ酸残基のうち8個は同じで,二次構造もよく似ており,PTHrPはPTHと同じ受容体に結合する親戚タンパク質であった.こうして病理学的には,悪性腫瘍になると高カルシウム血症となる理由が理解できるようになった.

最初は腫瘍細胞から単離されたのだが,じつはPTHrPは身体中のほとんどの細胞で見られ,発生の過程では血中に分泌されるのではなく,傍分泌あるいは自己分泌(autocrine)によって細胞の増殖に関係するらしいことがわかった.特に骨格系の発達(内軟骨性骨化の過程)や歯の萌出に関与し,毛嚢や乳腺の器官形成に関わる転写調節に関与している.

大人になっても,PTHrPと乳腺の関係は続く.乳汁にはかなりの量のカルシウムイオンが含まれている.そのため乳腺が乳汁を作るときには,PTHrPを血中に分泌し,これが骨に働いて骨吸収を促し,溶出したカルシウムイオンは乳腺で乳汁に加えられる.カルシウムイオン濃度は乳腺のカルシウム感知受容体に働いてPTHrPの分泌を低下させる.このように乳腺と骨の間にはカルシウムイオンによる負のフィードバック機構が存在するのである.

PTHに対する受容体がもちろんあるのだけれど,上に述べたようにPTHrPも結合できるので,PTH/PTHrP受容体と呼ばれている.この受容体は骨,腎臓,小腸に存在する.これとは別にPTH2-Rと呼ぶ受容体もあって,これは脳(ほかに膵臓や精巣)に存在する.

PTH2-Rのリガンドとして,TIP39 (tuberoinfundibular peptide of 39 residues)と呼ばれるニューロペプチドが視床下部で見つかったので,話はさらにややこしくなる[5-21].このペプチドも主として中枢神経系,それ以外に気管や胎児の肝臓,腎臓,心臓に存在するが,その機能はよくわかっていない.

ごちゃごちゃしてきたのでまとめてみると,**図5.13**のようになる[5-22].ヒトではこれまで見つかったPTHと親戚関係のリガンドは3つあり,それに対する受容体が2つある.リガンドがどの受容体と結合するか,受容体はど

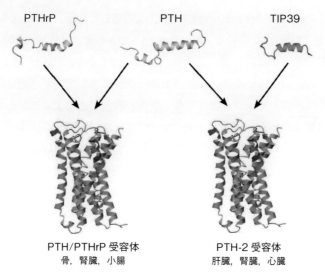

図 5.13　ヒトの PTH と関連するペプチドおよびその受容体の相互関係を示す模式図
リガンドの三次構造は N 末端の 39（PTH 1bwx）および 34（PTHrP 1bzg）のみ，また GPCR は借り物（Ach ムスカリン受容体 4mqs）．略称は本文参照．

こに分布するかも書き添えてある．

　このような関係はどうして生じたのだろうか．

　副甲状腺はこれまで，四肢動物になって新たなカルシウム代謝機構の獲得のために進化した器官で，魚類には存在しないと考えられてきたし，実際に見つからなかった．ところがこのような思い込みに反して，魚類には副甲状腺という器官は存在しないが，PTH 遺伝子が 2 種類，存在することが明らかになった[5-23]．PTH に対する受容体も存在する．ここで発生の研究が重要な役割を演じる．

　転写因子 Gcm2（glial cells missing 2）は副甲状腺の発生を特異的に制御するので，*in situ* hybridization で副甲状腺の発生を可視化できる．この方法で調べると，ニワトリやマウスと同じように，ゼブラフィッシュと軟骨魚のサメでも，Gcm2 は咽頭弓と相同な鰓弓に発現し，発生が進むと鰓芽（鰓の原

5.3 甲状腺と咽頭弓（鰓性）器官の発生

基）に発現が見られるようになることがわかった[5-24, 5-25]．四肢動物ではもちろん発現は咽頭嚢3と4に限られる．逆転写ポリメラーゼ連鎖反応(RT-PCR)を使って，実際に鰓でPTH遺伝子の発現が起こっていることも確認された．この結果は，鰓弓とそこから生じる鰓が，咽頭弓に付随する咽頭嚢から生じる副甲状腺と相同な関係にあることを示している．

鰓をつくるのに必要な遺伝子を，陸に上がるに際してカルシウム代謝に必須な副甲状腺に転用したのである．こうして発生の過程を追うことによって，魚類でもPTHが存在することが明らかになった．「内分泌器官はないけれどホルモンはある」だったのである．

鰓には塩類細胞があってナトリウムイオンの代謝に働いているが，カルシウムイオンの取り込みにも一役買っている．塩類細胞には細胞外のカルシウムイオンを検知するカルシウム感知受容体も備わっている．鰓の中でも特に塩類細胞の機能が，副甲状腺に引き継がれたもので，両者は相同関係にあると考えられる．

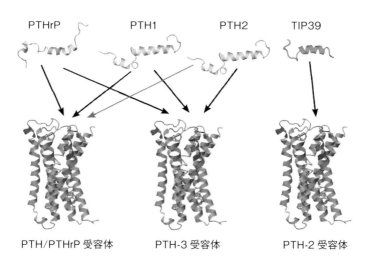

図5.14 魚類のPTHと関連するペプチドおよびその受容体の相互関係を示す模式図
灰色矢印は弱い作用．略称は本文参照．ホルモン，受容体の三次構造は図5.13のものを借りている．

魚類では，哺乳類で見つかっているリガンドと受容体に加えて，ゲノム解析からPTHをコードする遺伝子が2つ（PTH-1とPTH-2）と受容体がもう1つ（PTH-3受容体）見つかっている．脊椎動物の進化の初期に起きた大規模ゲノム重複によって，リガンドとその受容体が数を増やし，哺乳類に至る過程で数を減らして図5.13のようになり，条鰭類硬骨魚では，その後の大規模なゲノム重複でさらに数を増やしたと考えられる．これらをまとめると図5.14のようになる．

しかしながら，4つのリガンドが実際にどのような場面で働いているのかは必ずしも明らかになっていない．発生時の側線形成に働いているという示唆もある．最近の研究では，PTH1（ヒトのPTHに相当）をノックアウトしたゼブラフィッシュでは，鰓弓の誘導に必須な調節因子Gcm2の発現が起こらず，顎が小さくなり，鰓弓の発達が阻害された．また，カルシウム・チャネルをはじめとした各種のチャネルを備えた上皮細胞の数が減少した．いずれにしても魚類では，PTHはヒトでみられるようなカルシウム代謝ではなく，発生時の分化・誘導のスイッチングに関係しているようである[5-26]．魚類での働きが明らかになれば，ヒトの発生の過程におけるPTHrPやTIP39などの役割解明の糸口になるであろう．

顎と頸はまだまだ奥が深く，秘密のベールに包まれている．

5.4　下垂体の発生

この章の最後に，オーケストラの指揮者にたとえられる下垂体の主葉について考えてみたい．脊椎動物の代表的な動物の下垂体の構造については4章で述べたが（図4.36），下垂体主葉は，発生の過程で口腔の天井にある肥厚部分（下垂体プラコード）が凹んでラトケ嚢（Rathke's pouch）になり，やがてくびれ切れて生じる（図5.15）．ラトケ嚢が誘導される下垂体プラコード（adenohypophyseal placode）とは，何者なのだろうか．

すでにプラコードという名称は，鼻プラコードとレンズプラコードとして出てきた（図5.4）．図には描かれていないが，耳プラコードもやや後方にあり，脊椎動物の頭部の主要感覚器官である鼻，眼，耳はいずれも頭部プラコード

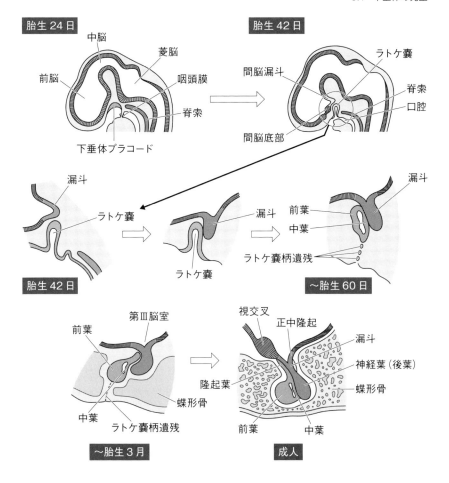

図 5.15 ヒトの下垂体前葉の発生
(Review of Medical Embryology by Ben Pansky を改変)

(cranial placode) と総称される 3 つのプラコードからつくられる．頭部プラコードは，頭部外胚葉の上皮組織の一部が肥厚したもので，頭部の形成にとって神経冠細胞と並んできわめて重要なパーツで，下垂体プラコードもこの仲間である（魚類ではさらに側線プラコードがある）．

神経冠細胞が神経板縁（境界部）から生じることを**図 5.7**で示したが，こ

5章 個体発生の視点からホルモンを見直す

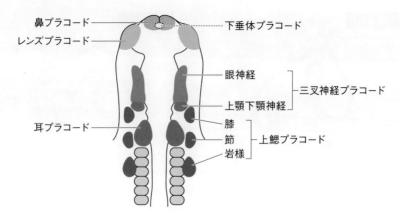

図 5.16 哺乳類の頭部プラコードの位置
10体節ステージの胚を背側から見ている．下垂体プラコードは前脳の腹側にあるので点線で囲んである．（文献 5-27 より改変）

の図では中脳前部より後方のみが描かれていた．神経板はさらに前方にも伸びて先端はしゃもじのように丸くなっている．このしゃもじ型の先端部分の周囲から後方に向かい，馬蹄型のような形で伸びる肥厚が飛び飛びにみられ，この部分をプレプラコード領域（preplacodal region）という．神経冠細胞は神経管が形成されるにしたがって葉裂して次々に移動するが，プラコードはあまり移動せず，まとまってその位置にとどまる（図 5.16）．発生が進んで咽頭胚になると，プレプラコード領域はそれぞれ内側に陥入して移動し，上記の3つの頭部感覚プラコード（鼻，レンズ，耳）になり，先端中央部の下垂体プラコードは，図 5.15 の胎生 24 日の図の位置に移動する．後方のプラコードは脳神経節となって三叉神経節などのニューロンをつくる[5-27]．

頭部プラコードも，5.3 節で述べた神経冠細胞も，神経板と表皮の境界部から生じるが，そこには Wnt タンパク質，BMP，線維芽細胞増殖因子（FGF）などのシグナル分子が誘導したり，抑制したり，タイムラグを設定したりと，複雑に関係しあっている[5-28]が，詳しいことは省略する．

こうしてみると，神経冠細胞と頭部プラコードは近い親戚のようなものであり，鼻プラコードと下垂体プラコードは兄弟みたいなものであることがわかる．

5.4 下垂体の発生

　ということで下垂体プラコードは，ある程度分化した細胞集団が薄くて丸いパン生地のような形で口腔天井部に移動してくる．そこで間脳底部から伸びてきた漏斗からの誘導因子によって，丸いパン生地は真ん中を下から指で押し上げるような凹みができてラトケ嚢になり，やがてくびれ切れて下垂体主葉となる（図5.15）．

　一様な細胞集団が，6種類もの異なるホルモンを分泌する下垂体主葉へ，どのように分化していくのだろうか．マウスでの観察によれば，ラトケ嚢から下垂体への発生は，次の3つの段階に分けることができる[5-29]．A）周囲からの傍分泌性シグナル分子の濃度勾配による働きかけ，B）シグナル分子とラトケ嚢の細胞の転写調節因子の濃度勾配による働きかけ，C）転写因子の組み合わせによる細胞集団の系列化（細胞系譜）（図5.17）（ここでも転写調節因子の名前がたくさん出てくるが，あまりこだわらず適当に読みとばしてください）．

　Aのステージでは，間脳視床下部底部からの傍分泌性のシグナル分子（BMP4，FGF，Wnt）の働きにより，ソニックヘッジホッグ（SHH）によって区画化された下垂体プラコード内の細胞に転写調節因子Lhx3（LIM Homeobox 3）の発現を誘導し，その結果，細胞は内分泌細胞になるべく運命づけられながら数を増やし，ラトケ嚢は体積を増やして盲管となって上方へ伸びていく．

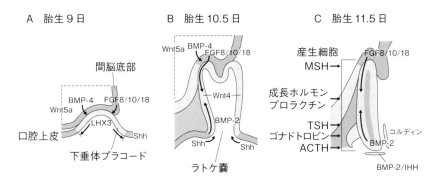

図5.17　マウスの下垂体主葉の発生
左よりステージA，B，C．（文献5-29より）

5章　個体発生の視点からホルモンを見直す

Bのステージでは，長く伸びた構造に背側と腹側から，傍分泌性のシグナル分子が働きかける．その結果，腹背方向にBMP-2の濃度勾配が，背腹方向にFGFsの濃度勾配が生まれる．この二重の濃度勾配にさらされた細胞は，濃度（すなわち位置）に応じて複数種類の転写調節因子を発現して，分化の方向が決まっていく．

Cのステージでは，Bで決まった細胞ごとの性格をさらに強固なものにするように，間充織細胞が加わって傍分泌性のシグナル分子インディアンヘッジホッグ（IHH，コルディン）を分泌し，発現する転写調節因子の数がさらに増える．その結果，細胞は置かれた位置によって左側に書いたホルモン産生細胞に決まっていく．

濃度勾配によって内分泌細胞がどのホルモンを分泌するかという細胞のタイプを決めていくために，発生の過程でラトケ嚢が一度，縦方向に引き伸ばされる必要があったのであろう．その後，主葉は形を変え，複数種類のホルモン産生細胞は入り混じって，各ホルモンの部域性はあいまいになる場合が多い．

これを細胞系譜としてあらわしたのが図5.18である．実際には，さらに多数の転写調節因子が関係している[5-30]が，省略しているし，まだまだ不明な点が多い．最近になってヒト胚性幹細胞（hES細胞）を使って立体的に

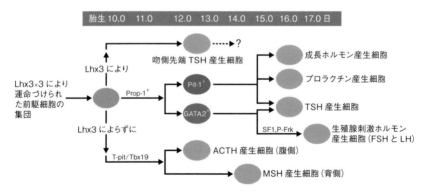

図5.18　マウスの下垂体主葉のホルモン産生細胞の細胞系譜
転写調節因子は主なもののみ示した．（文献5-29を改変）

5.4 下垂体の発生

培養し，これまで述べてきたシグナル分子を作用させて胞状のラトケ嚢構造を誘導し，さらにそこに ACTH 分泌細胞などの下垂体ホルモン分泌細胞を誘導することに成功したという報告があった[5-31]．このような方法を使って，実験的に細胞の分化に必要な因子の解析が進められるだろうと期待される．

こうしてみてくると，複雑さの度合いは異なるけれど，同質の細胞集団の運命が決まっていく過程は，ショウジョウバエの受精卵で前後軸が決まり，前後軸に沿って頭部・胸部・腹部に分かれ，さらにそれぞれの部域で極性が決まっていく過程と驚くほどよく似ている．

円口類の下垂体主葉は結合組織の中に埋まっていて，間脳視床下部との接触がない．これまでヌタウナギの下垂体主葉は，内胚葉起源だとされていたが，下垂体あるいは頭蓋顔面の発生をくわしく調べた論文[5-32]によると，この観察は誤りで，ヌタウナギでも下垂体主葉はこれまで述べてきたのと同様に，外胚葉から同じ様式で誘導されることが示された．ヌタウナギは同じ円口類のヤツメウナギとも頭部の形態がだいぶ異なるが，これはヌタウナギの系統で二次的に生じた変異によるものであり，両者を円口類として1つのグループにすることができることも示されている．さらにヤツメウナギの下垂体主葉は，鼻・下垂体プラコードからつくられるが，発生にともなうプラコードの移動，下垂体主葉誘導に関わる遺伝子の発現も基本的にはこれまで述べてきたものと同様なものであった[5-33]．発生の比較によっても，図5.9で示したように，円口類が脊椎動物に含まれることが示されるのである．また，下垂体と相同な構造ではないかと考えられているナメクジウオのハチェック窩にも，上に述べた遺伝子の一部が発現している．この段階から基本的な遺伝子群はそろっていて，調節遺伝子によるスイッチングが進化の過程で導入されたのではないかと考えられるだろう．

なんだか4章の内容に立ち戻ってしまった感があるが，発生と進化を追いかけると見えてくるものがある．個体発生は系統進化と深く結び付いているので，両者を比較しながら研究することが重要だということである．エボデボと言われる所以である．

エボデボとは何か

　エボデボは，進化発生生物学（Evolutionary developmental biology）を略したEvo-Devoのカタカナ表記で，生物の発生過程を進化生物学の観点から眺め，発生の原理と生物の系統関係を明らかにしようとする学問領域である．
　この言葉がさかんに使われるようになったのは，分子生物学の発展により遺伝学が大きく変貌して発生生物学に取り入れられるようになってからである．生物のゲノムが解明されてみると，予想よりもずっと少ない数の遺伝子が複雑な体制をつくっていることが明らかになり，タンパク質をコードしている遺伝子の発現が，どのように制御されているかが大きな問題となった．分子遺伝学の進展により，生物が共通して備えているホメオボックスタンパク質などの転写調節因子，Wntのような傍分泌性のシグナル分子，細胞内のシグナル伝達分子の遺伝子が明らかになり，発生過程を制御するこれらの遺伝子をひとまとめにして，工具一式を入れた道具箱になぞらえてツールキット遺伝子と呼ぶようになる．このツールキット遺伝子は，発生過程を通して，さまざまなステージのさまざまな場所で，繰り返し使われている．こうして，構造遺伝子に大きな変化がなくても，ツールキット遺伝子の変異や組み合わせによって遺伝子発現のスイッチングが変われば，形態に大きな違いが生まれることが明らかになる．
　たとえば，キリンの首はなぜ長くなったのかという問いは，ラマルクのころから長い間，論争されてきた．キリンの頸椎の数は他の哺乳類と同じく7個で，首が長くなったのは一つ一つの頸椎が長くなったためである．また四肢の長さも長くなっている．血液を長い首の上にある頭部に送るために血圧は他の哺乳類の2倍になり，そのため心臓が発達し，血管が強くなっている．また首を上下させるときに生じる大きな血圧の変化による立ちくらみを和らげるために，頭部に特殊な血管網が発達している．これらの変化はどのようにして生じたのだろうか．最近の研究によると[5-34]，キリンと近縁で首の長くないオカピとウシのゲノムを比較して，70の遺伝子にキリン特有の変異が認められ，このうち45は心臓血管系，神経系，それと骨格系の発生を制御するタンパク質をコードするツールキット遺伝子であった．とくに鍵となる遺伝子として*FGFRL1*を調べると，キリン特有の変異（アミノ酸の置換）

が見られた．FGFRL1 は FGF の受容体で，発生の過程で体節の成長に関与しているので，この変異によって頭尾方向に長い体節が形成され，頸椎が長くなったと考えられる．ただこれだけではなく，多くのツールキット遺伝子の変異が準備され，その後の自然選択によって，キリンの首が長くなるよう進化したのだろう．

節足動物の付属肢は種によってさまざまな形と機能を有している．体節ごとにある付属肢の形態はツールキット遺伝子によって制御されているが，大きさはそれとは別なようである．たとえば，クワガタの大顎の大きさは，幼虫時の栄養状態に依存する．このメカニズムが最近明らかにされた[5-35]．オオツノコクヌストモドキを使った研究によると，エピジェネティックのスイッチとなるヒストン脱アセチル化酵素の働きによって，大顎が大きくなったり小さくなったりすることが確かめられた．形態は遺伝子が支配するが，大きさはエピジェネティックなものだったのである（エピジェネティクスについては，本書ではほとんど触れなかった）．

5 章 引用文献

5-1) Unsicker, K. *et al.* (2013) Mechan. Develop., **130**: 324-329.

5-2) Betito, K. *et al.* (1992) J. Neurochem., May; **58**: 1853-1862.

5-3) Schinner, S., Bornstein, S. R. (2005) Endocrin. Path., **16**: 91-98.

5-4) Shepherd, S. P. (2001) Am. J. Physiol. Cell Physiol., **280**: C61-C71.

5-5) Finn, R. N. *et al.* (2014) PLoS One, **9**: e113686.

5-6) Schwanzel-Fukuda, M., Pfaff, D. W. (1989) Nature, **338**: 161-164.

5-7) Wray, S. *et al.* (1989) Proc. Natl. Acad. Sci. USA, **86**: 8132-8136.

5-8) Larco, D. O. *et al.* (2013) Front. Endocrinol., **4**: 83.

5-9) Messina, A., Giacobini, P. (2013) Front. Endocrinol., **4**: 133.

5-10) Forini, P. E., Wray, S. (2015) Front. Neuroendocrinol., **36**: 165-177.

5-11) Forni, P. E. *et al.* (2011) J. Neurosci., **31**: 6915-6927.

5-12) Suarez, R. *et al.* (2012) Front. Neuroendocrinol., **6**: 50.

5-13) Takio, Y. *et al.* (2004) Nature, **429**: 262.

5-14) Sugahara, F. *et al.* (2016) Nature, **531**: 97-100.

5-15) Stolfi, A. *et al.* (2015) Nature, **527**: 371-374.

5-16) Green, S. A. *et al.* (2015) Nature, **520**: 474-482.

5-17) Jeffery, W. R. (2007) Seminar Cell Develop. Biol., **18**: 481-491.

5-18) Morikawa, K. *et al.* (2001) Zoology (Jena), **104**: 81-90.

5-19) Venkatesh, B. *et al.* (2014) Nature, **505**: 174-179.

5-20) Wysolmerski, J. J. (2012) J. Clin. Endocrinol. Metab., **97**: 2947-2956.

5-21) Usdin, T. B. *et al.* (1999) Nature Neurosci., **2**: 941-943.

5-22) Gensure, R., Juppner, H. (2005) Endocrinology, **146**: 544-546.

5-23) Zajac, J. D., Danks, J. A. (2008) Curr. Opin. Nephrol. Hypertens., **17**: 353-356.

5-24) Okabe, M., Graham, A. (2004) Proc. Natl. Acad. Sci. USA, **101**: 17716-17719.

5-25) Hogana, B. M. *et al.* (2004) Dev. Biol., **276**: 508-522.

5-26) Kwong, R. W. M., Perry, S. (2015) Endocrinology, **156**: 2384-2394.

5-27) Jidigam, V. J., Gunhaga, K. (2013) Develop. Growth Differ., **55**: 79-95.

5-28) Singh, S., Groves, A. K. (2016) Wiley Interdiscip. Rev. Dev. Biol., **5**: 363-376.

5-29) Scully, K. M., Rosenfeld, M. G. (2002) Science, **295**: 2231-2235.

5-30) Prince, K. L. *et al.* (2011) Nature Rev. Endocrinol., **7**: 727-737.

5-31) Ozone, C. *et al.* (2016) Nature Com., **7**:10351 doi: 10.1038/ncomms10351.

5-32) Oisi, Y. *et al.* (2013) Nature, **493**: 175-180.

5-33) Uchida, K. *et al.* (2003) J. Exp. Zool. (Mol. Dev. Evol.), **300B**: 32-47.

5-34) Agaba, M. *et al.* (2016) Nature Comm., **7**: 11519.

5-35) Ozawa, T. *et al.* (2016) Proc. Natl. Acad. Sci. USA, **113**: 15042-15047.

6. 無脊椎動物（とくに昆虫）のホルモン

　これまでも進化の観点から，脊椎動物と無脊椎動物のホルモンのつながりを述べてきたが，記述の中心は脊椎動物の内分泌系に関するものだったので，ここではまとめて無脊椎動物のホルモンについて述べることにする．とはいっても，無脊椎動物という名称は，厳密な意味では分類上のカテゴリーを示すものではなく，脊索動物上門以外の後生動物（Metazoa）をすべてひっくるめた名称である．そこには体制の異なるカイメンからウニ，ヒトデまで，多様な動物がグループ分けされていて，門の数も35ほどになり，種の数は動物全体の97%に上る．しかしながら，それぞれの門に属する動物のホルモンに関する研究はそれほど多くはない．ここでは無脊椎動物を概観した後，研究の数が圧倒的に多い昆虫に絞って述べていくことにする．

6.1　無脊椎動物について

　無脊椎動物の分類は，従来は形態と発生様式を基にして行われてきたが，最近では18SリボソームRNA遺伝子やゲノム解析の結果などの分子生物学の知見を取り入れた分類体系が受け入れられるようになってきている．動物界の全体を概観するために，見直された動物の系統関係を示す分岐図を図6.1に載せた．ただし無脊椎動物の系統関係はまだまだ議論の余地が多くあり，ここに示したものは1つの考え方である．

　ゲノムが次々と解読されるようになり，この分類体系と照らし合わせる作業が続いている．海綿動物は6億年よりも前に単細胞生物から進化したと考えられている．カイメンは多細胞生物ではあるが，細胞同士の接着も弱く，組織の分化が明瞭ではないので，後生動物とは別に側生動物とされたことも

6章 無脊椎動物（とくに昆虫）のホルモン

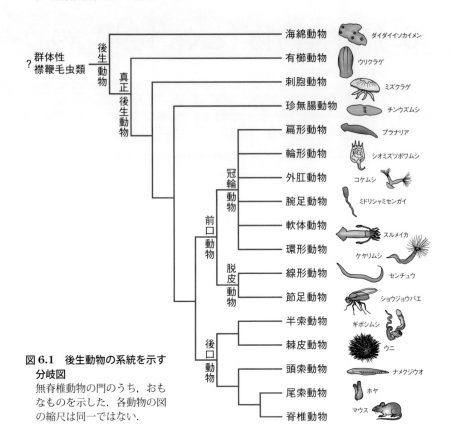

図6.1 後生動物の系統を示す分岐図
無脊椎動物の門のうち，おもなものを示した．各動物の図の縮尺は同一ではない．

あったが，最近，明らかになったカイメンの一種のゲノム解析の結果によれば，ゲノムの大きさは約1億6,700万塩基，タンパク質をコードしている遺伝子は13,637個（KEGG：Kyoto Encyclopedia of Genes and Genomes のデータベースによる，以下同じ）あり，多細胞生物の発生，分化に関係する遺伝子をはじめとして，細胞周期の制御，細胞接着，自然免疫，転写因子やシグナル伝達経路の遺伝子がすでに存在していることが明らかになっていて，後生動物の一員であることが明確になっている[6-1]．外見は単純なつくりに見えても，遺伝子はかなりそろっていたのである．これらの遺伝子がカイメンで実際にどのような働きをしているのかはわかっていないが，カイメンの段

6.1 無脊椎動物について

階ですでに遺伝子の数が増えていて（前適応），これらの遺伝子をうまく組み合わせることによって，その後の進化の過程で，さまざまな形態をもつ動物が誕生したことを示唆している．

　刺胞動物になると，多細胞生物としての体制が整い（真正後生動物），二胚葉性だが組織の分化が認められるようになる．イソギンチャクの一種のゲノム解析によれば，タンパク質をコードしている遺伝子は24,773個で，遺伝子のエキソン・イントロンの配列の構造などは，ショウジョウバエやセンチュウのゲノムよりもはるかに複雑で，脊椎動物のゲノムに似ているという[6-2]．

　シンテニー解析でも，*Hox*遺伝子など一定の大きさをもった領域で，イソギンチャクのものはショウジョウバエやセンチュウよりも，ヒトとの類似がみられる．さらにインテグリンやインスリン様ペプチドといった細胞内シグナル伝達経路に連結する，かなりの数の遺伝子がすでに存在しており，その後の進化の過程で，さらに部品が付け加わったことが示唆されるという．

　イソギンチャクの遺伝子の由来を調べるために，7766個の遺伝子を比較したところ，80％近くが後生動物以前の真核生物ですでに存在し，残りの20％が新しく付け加わったものであった．新しい遺伝子は，WntやFGFのような傍分泌性のシグナル分子，転写調節因子，インスリン様成長因子とその受容体，IP_3やcAMPのシグナル伝達経路にかかわる受容体や酵素，シナプス伝達に関係するタンパク質，筋収縮に関係するタンパク質，細胞接着タンパク質をコードしていた．この段階で，後に進化する三胚葉性の真正後生動物が必要とする，かなりの数の遺伝子が用意されている．

　一般的には，進化の過程で新しい系統が発生するにつれてゲノムは複雑化していくと考えられてきたが，遺伝子の数は後生動物の中でそれほど大きく増加してはいない（図6.2）．イソギンチャクですでに，脊椎動物に固有と考えられてきた比較的複雑なゲノムを保有している．ショウジョウバエやセンチュウのゲノムは，おそらくDNAの消失や再編成によって単純化したのだろうと考えられている．

　さらに最近，同じ刺胞動物のヒドラのゲノムが解読された[6-3]．ヒドラは

6章　無脊椎動物（とくに昆虫）のホルモン

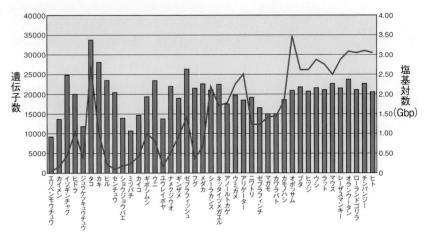

図 6.2 後生動物のタンパク質をコードしている遺伝子の数（棒グラフ）とハプロイドの塩基対数（折れ線グラフ，単位はギガ）
KEGG データベースと各原著論文より作成．

ニューロンと筋細胞を有し，散在神経系と呼ばれるように，個々のニューロン同士は網状につながりあっていて，神経節（ganglion）は認められない．ただし，口丘の周りには複数のニューロンが神経環を形成している．

　ヒドラでは，タンパク質をコードしている遺伝子は 20,057 個で，その内容を見ると，トランスポゾンなどの転移因子が 57％以上も占めていて，水平伝播も見られるという．ヒドラは 187 ページで述べたイソギンチャクとほとんど同じ後生動物の遺伝子セットをもっている．ヒドラは中胚葉がないが，筋細胞は外胚葉と内胚葉由来の上皮細胞であり，ニューロンがそれぞれの筋細胞と神経筋接合部を形成していて，個体としてかなり複雑な行動，たとえば摂餌や移動を行う．ヒドラにはニコチン性アセチルコリン受容体（nAChR）遺伝子およびコリントランスポーター（CHT）遺伝子が存在する．さらにヒドラからはニューロペプチドとして，多数の RF アミドが見つかっており，具体的にどのような情報伝達経路でこれらの行動を制御しているのか，また三胚葉の左右相称動物とどのように結びつくのか，興味をひかれるところである．

　刺胞動物門以降の動物のゲノムの詳細については省略するが，現在までに

ゲノム解析された後生動物のおもなもののタンパク質をコードしている遺伝子数とゲノムサイズを図 6.2 に載せた．参考のためにエリベンモウチュウのデータも左端に加えてある．この数は 2016 年の時点でのデータを基にしており，ドラフト段階のものもあるので，今後増減はあるだろうことをお断りしておく．

遺伝子の数は右に向かって若干の増加はあるが，それほど大きな増加は認められず，20,000 個前後である（タコはずいぶんと多いが）．塩基対の数はこれまたタコを例外として増加する傾向にあり，哺乳類では 2.5〜3 Gbp で，ほぼ一定である．

もちろん遺伝子の数ではなく，その中身が重要で，構造遺伝子だけではなく，その転写を調節するさまざまなタンパク質をコードする遺伝子，とくにツールキットと呼ばれる遺伝子群の進化が重要であろう．上述したように，インスリン様成長因子の遺伝子はすでに刺胞動物に認められる．今後は，さまざまなホルモン，受容体，細胞内シグナル伝達経路に関して，4 章で俯瞰したような研究が行われるであろう．

6.2　節足動物，とくに昆虫のホルモンと脱皮・変態

図 6.1 の図にある無脊椎動物のうち，最も種の数の多いのは節足動物の昆虫である．ショウジョウバエはモデル動物として使われているし，カイコは絹の生産，ミツバチは養蜂のために産業からの要請もあり，さかんに研究が行われてきた．日本には蚕糸試験場が古くからあり（現在は独立行政法人化で農業生物資源研究所に吸収），玉川大学にはミツバチ科学研究センターがある．ここでは無脊椎動物のうちでも最も種類の多い昆虫のホルモンに絞って話をしたい．

脊椎動物が陸に上がったのは 3 億 6000 万年前だとされるが，昆虫はそれよりも一足先に陸に上がった先輩でもある．昆虫は気門で呼吸をし，乾燥から身を守るためにクチクラで覆われた外骨格を備え，翅を使って生活圏を拡大した．老廃物の排出は尿酸で行い，開放血管系である．神経系は脊椎動物と異なり，中空ではなく中実な神経索が腹面を頭尾方向に走り，神経節が飛

6章 無脊椎動物（とくに昆虫）のホルモン

び飛びにある．頭部神経節は大きいので脳と呼ぶことが多い．

しかしながら外骨格であるために，体の大きさに制限が加わり，成長のためには脱皮をする必要が生じた．こういった事情のためか，昆虫の寿命は短く，また成長に応じたライフステージの連なりである生活史（life cycle）上での各ステージを明瞭に見分けられる．昆虫のホルモンの多くは，生存に必要な恒常性維持と繁殖のための生理機構を制御することに加えて，このライフステージの切り替えを制御している．

昆虫の特徴を生かした実験手技である結紮や，切り離した頭部を細管でつなぐ並体結合を使って，脱皮に関係する内分泌器官として，アラタ体と前胸腺が1940年代までに明らかにされ，さらに上位に脳があってこれらの器官をコントロールしていることが示された[64]．これらの結果をまとめると，図 6.3 のようになる．

脳にある左右で対になった神経分泌ニューロンの軸索は，側心体を通過してアラタ体に達し，そこから前胸腺刺激ホルモン（PTTH）を放出する．前胸腺刺激ホルモンは前胸腺を刺激してエクジソンの放出を促す．アラタ体は幼若ホルモン（JH）を産生して放出する．エクジソンは脱皮を促すのだが，

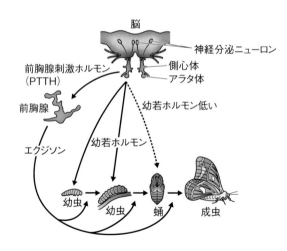

図 6.3 完全変態をする昆虫の脱皮を支配するホルモン（古典的なスキーム）

アラタ体からの JH があると体を大きくする幼虫脱皮になる．カイコでは最終齢（5 齢）になると JH の分泌は低下し，エクジソンによって誘導される脱皮は蛹化になる．次の脱皮の時には JH の分泌がないので，成虫脱皮となり変態が完了する（図 6.3）．

こうして脱皮を制御する図式が明らかになり，それぞれのホルモンの実体解明が始まった（古典的スキームから分子の探索に関するお話は文献 6-4 に詳しく，わかりやすく述べられている．一読を勧める）．

前胸腺から分泌されるエクジソンの構造は，日本からカイコの蛹 500 kg を輸入したドイツのチーム（3 章に出てきたステロイドホルモンを尿から抽出したのと同じチーム）が明らかにし，ステロイド骨格をもつ分子で，エクジソンと命名された．エクジソンはプロホルモンで，20-ヒドロキシエクジソンに代謝されて，3 章で述べたように転写調節因子として核内の DNA に働きかける．エクジソンは節足動物に広くみられるホルモンである（図 6.4）．

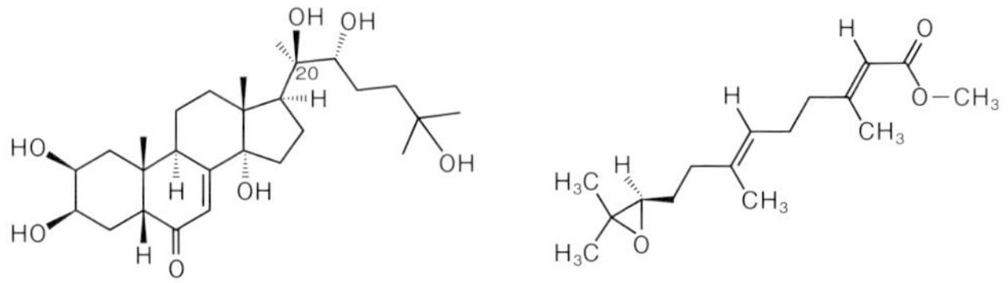

図 6.4　20-ヒドロキシエクジソン（左）と JH III（右）

JH は，セスキペルテンという，脊椎動物には見られない構造の分子であった．JH は 6 種類あり，種によって使われている分子種が異なっている．多くの昆虫では図 6.4 にある JHIII だが，鱗翅目（チョウやガ）ではこれにさらにメチル基がそれぞれ 1 〜 3 個付いた JH0，JHI，JHII が見つかっている．

PTTH のほうはとても難物で，その構造がわかるまで長い時間がかかった．物質としての性状がペプチドあるいはタンパク質だとわかったあとは，莫大な数のカイコの脳から抽出して精製が進められた結果，生物検定に使われたエリサン（野蚕の一種でカイコの近縁種）の前胸腺を刺激する分画は 2 つあり，分子量が 4400 と 22000 Da であることがわかった．

6章 無脊椎動物（とくに昆虫）のホルモン

　分子量の小さいほうは，4k-PTTH（最初はPTTH-S）と呼んでいた．生物検定に使われたエリサンでは活性があったが，カイコでは前胸腺刺激活性が認められないことが後でわかり，PTTHという名称をやめてボンビキシンと名付けられた．その後，ボンビキシンのアミノ酸の配列が明らかになり，クローンから全塩基配列が解明されると，プレプロホルモンの形でコードされたインスリンファミリーに属するペプチドであることが明らかになった．ボンビキシンはカイコの前胸腺刺激ホルモン（PTTH）ではなかったのである．

```
MKILLAIALM LSTVMWVSTQ QPQAVHTYCG RHLARTLADL CWEAGVDKRS   50
GAQFASYGSA WLMPYSEGRG KRGIVDECCL RPCSVDVLLS YC   92
```

```
            GIVDECCLRPCSVDVLLSYC   A鎖
ボンビキシンA-6
            QQPQAVHTYCGRHLARTLADLCWEAGVD   B鎖
```

ヒト　インスリン
```
MALWMRLLPL LALLALWGPD PAAAFVNQHL CGSHLVEALY LVCGERGFFY   50
TPKTRREAED LQVGQVELGG GPGAGSLQPL ALEGSLQKRG IVEQCCTSIC  100
SLYQLENYCN   110
```

```
            GIVEQCCTSICSLYQLENYCN   A鎖
インスリン
            FVNQHLCGSHLVEALYLVCGERGFFYTPKT   B鎖
```

図6.5　プレプロボンビキシンA-6（ボンビキシンII）の一次構造とボンビキシンA-6
　下線部はシグナルペプチドで，それに続いてB，C，A鎖の順に並ぶ．太字の塩基性アミノ酸ペアのところで切断され，C鎖を切り離して，A鎖とB鎖がSS結合でつながった下のようなホルモンになる．ここではSS結合を線のみで示した．比較のためにヒトのインスリンを並べた．

　だとすると分子量の大きなほう（22K-PTTH）が本命ということになるが，こちらも難物でなかなかその実体がつかめなかった[64]．ようやく明らかになった一次構造は独特なもので，図6.6で示したプレプロペプチド配列のうち，塩基性アミノ酸ペア（3つのところもあるが）で3つの部分に切断された最後の配列をモノマーとして，太字白抜きのCでもう1つのモノマーとSS結合をつくってホモダイマーを形成していた．これがカイコのPTTHだっ

```
MITRPIILVI LCYAILMIVQ SFVPKAVAL**K** **RK**PDVGGFMV EDQRTHKSHN   50
YMM**KR**ARNDV LGDKENVRPN PYYTEPFDPD TSPEELSALI VDYANMIRND  100
VILLDNSVET RT**RKR**GNIQV ENQAIPDPP**C** T**C**KYKKEIED LGENSVPRFI  150
ETRN**C**NKTQQ PT**C**RPPYIC**K** ESLYSITILK RRETKSQESL EIPNELKYRW  200
VAESHPVSVA **C**L**C**TRDYQLR YNNN 224
```

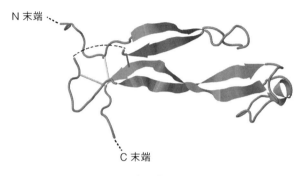

図 6.6 カイコ PTTH のアミノ酸配列
下線部はシグナルペプチド．太字の塩基性アミノ酸ペアのところで切断される．116 番目以降の断片が PTTH 本体で，太字の C で鎖内 SS 結合をつくり，太字白抜きの C でもう 1 本のペプチドとホモダイマーをつくる．下はモノマーの三次構造（5 aoq）．左側に 3 本の SS 結合がある．点線は失われていて不明な部分．

たのである．このような一次構造をもつタンパク質は，他の動物には見つかっていない．

　カイコ PTTH の三次構造がわかってみると，意外なことが明らかになる．アミノ酸配列では似たものがなかったが，6 つのシステインは 3 本の鎖内 SS 結合で cystine knot モチーフ（**図 4.30 参照**）をつくっていた．この点は，4 章で述べた下垂体糖タンパク質ホルモンの三次構造と似ている．糖タンパク質ホルモン以外に，このような構造をもつものとして，神経成長因子（nerve growth factor），TGF，PDGF があることがわかっている．

6.3　昆虫の脱皮・変態とホルモン（古典的スキーム以降）

　これで図 6.3 のスキームにあるホルモンの実体が明らかになり，めでたしめでたしと言いたいところだが，そうは問屋が卸さなかった．実体はそんな

に単純ではなかったのである．すでに述べたように，**図6.4**のボンビキシンは，エリサンに対しては前胸腺刺激作用があるが，カイコに対しては生理的な濃度の範囲では前胸腺刺激作用がなかった．

ボンビキシンの遺伝子の塩基配列が明らかになったので，これを手掛かりに探ってみると，ボンビキシンには7つのグループ（AからG），合計32個の遺伝子があることがわかった[6-5, 6-6]．このうち5個は，途中に終止コドンが入っているので偽遺伝子だと思われる．残りの遺伝子のうち25個は，ペアあるいはトリプレットになって11番染色体上の50 kbの狭い範囲にタンデムに配列しており，いずれもイントロンが存在しなかった．

さらに最近になり，ゲノム探索によって新たに5つのグループ（VからZ），6個の遺伝子が見つかった[6-7]．こちらのうち3個にはイントロン領域があり，ペアやトリプレットとしてではなく，それぞれが離れた位置に単独で存在していた．これまでわかっている他の昆虫のインスリン様ペプチドをコードする遺伝子の数は，ネッタイシマカとショウジョウバエでは8個，エリサンでは6個，ミツバチでは2個で，新たに見つかったVからZグループの遺伝子は，これら昆虫の遺伝子と相同であると考えられ，AからGはカイコ特有なもののようである．VからZのグループの遺伝子から転写・翻訳されるペプチドの中には，X1，Y1，Z1のように一本鎖のもの，すなわちC鎖が切り離されず，B，C，A鎖と並んでいるものがあり，これは，IGFと相同だと考えられる．ちなみにヒトではIGFはIとIIがあり，Iの方はすでに述べたソマトメジン（4.13.2項）である．

いずれにしても，これほどインスリン様ペプチドをコードする遺伝子の数が多い種はカイコ以外にはいない．なぜだろう．

ここで注意したいことは，カイコは完全な家畜だという点である．ウシなども家畜だが，福島の原発事故後の避難地域での例で明らかなように，人が置き去りにしたウシは野生化して生き延びている．しかしながらカイコは，人の手を離れると生きていくことはできないほど，すべてを人に頼っている．成虫は飛ぶことができないし，幼虫は木の枝にとまることもできない．われわれが維持している蚕は，自然選択によって進化してきたものではなく，よ

6.3 昆虫の脱皮・変態とホルモン（古典的スキーム以降）

り大きな繭をつくらせるために人為選択により改良されたもので，幼虫期間を長くして，より大きく成長させ，大きな繭をつくるように選抜したのである．そのために脱皮・変態にかかわる遺伝子が改変されてきたことは明らかである．

ここからはカイコの改良の過程で起こったことの大胆な推理だが，元になるインスリン様ペプチド遺伝子から転写されスプライシングを受けた成熟 mRNA が，たまたま感染していたウイルスによって逆転写され，DNA となってホストの DNA に組み込まれた可能性があるのではないだろうか．さらにその後の部分的でタンデムな重複によって，さらに数を増やし，転写量の調節ではなく遺伝子の数を増やすことによって，成長に関係するインスリン様ペプチドを増やしたと考えられないだろうか．

さらに推理を進めると，インスリン様ペプチドと IGF は，ニューロペプチドとして，無脊椎動物の成長，細胞分裂，卵巣，昆虫では成虫原基の発達などに必須のペプチドとして保存されてきた．もちろん受容体も一緒に保存されてきた．脊椎動物になって体が大型化するに際して，ニューロンがつくるペプチドでは量的に不足するので，インスリン様ペプチドと IGF に加えて，新たに下垂体中に成長ホルモン産生細胞を生み出し，成長ホルモンは従来までの IGF を肝臓で大量につくらせるとともに，新たに生まれた骨の成長を促す作用をもつように進化したと考えるのである．さらに哺乳類になると，インスリンは脊椎動物に共通するアミノ酸代謝ではなく，血糖値を下げるという役割に大きく傾くことになる（詳細は第Ⅲ巻を参照のこと）．

話が脊椎動物にまで及んでしまったが，元に戻そう．

エリサンではボンビキシン（これ以降，本書では混乱を防ぐために，ボンビキシンという名称をやめてインスリン様ペプチド（ILP）と呼び，必要に応じて種名を加えることにする）が前胸腺に働いてエクジソンの分泌を促進する．と同時に当然のことながら PTTH も前胸腺に働くはずである．エリサンにもカイコ PTTH と同じような構造をもつ PTTH が存在することがわかっている（図 6.7）．

それでは PTTH，ILP，JH，エクジソンによる成長と脱皮，変態の制御機

6章 無脊椎動物（とくに昆虫）のホルモン

```
カイコ      GNIQVENQ AIPDPPCTCK YKKEIEDLGE NSVPRFIETR NCNKTQQPTC  48
エリサン    GDLRREKHNQ AIQDPPCSCG YTQTLLDFGK NAFPRHVVTR NC-SDQQQSC  49

カイコ      RP--YICKES LYSITILKRR ETKSQESLEI PNELKYRWVA ESHPVSVACL  96
エリサン    LPFPYVCKET LYDVNILKRR ETSTQISEEV PRELKFRWIG EKWQISVGCM  99

カイコ      CTRDYQLRYN NN  108
エリサン    CTRDYRNSTE DYQPRLLTKI IQQRDLS  126
```

図 6.7 カイコ（上段）とエリサン（下段）の PTTH のアミノ酸配列の比較
C 以外のエリサンの下線を引いたアミノ酸はカイコと同じことを示す．太字の C で鎖内 SS 結合を，太字白抜き C でホモダイマーをつくる．

構はどのようになっているのだろうか．

6.4 PTTH, ILP, JH, エクジソン

6.4.1 PTTH とエクジソン

PTTH は脳の神経分泌ニューロンでつくられるペプチドである．側方の 2 対の神経分泌ニューロンは，反対側のアラタ体に軸索を伸ばし，そこから血リンパ中に PTTH を放出する．PTTH は前胸腺に働きかけてエクジソンの放出を刺激する．前胸腺の細胞には当然，PTTH の受容体があるはずである．これが，なかなか明らかにならなかった．

明らかになってみると PTTH 受容体は受容体型チロシンキナーゼの 1 つである Torso であった．Torso 受容体は 1 回膜貫通型のタンパク質で，ショウジョウバエでは卵の頭尾の両端にあり，発生の初期に先端と後端の決定に働いていて，リガンドは Trunk (Trk) である．この Trk は cystine knot モチーフをもつなど PTTH によく似ている．この Torso 受容体が，幼虫から成虫への成長と変態の段階ではホルモンの受容体として働いていたのである．脊椎動物では，FGF とその受容体が発生の時期の誘導因子として働くが，成体になってからは傍分泌性のホルモンとして働くこととよく似ている．どちらも成長に関係する分子である．同じ遺伝子の使いまわしの良い例である．

PTTH は前胸腺の Torso 受容体に結合するが，最近の研究によると，

Torso受容体は二量体となってダイマーのPTTHを間に挟み込むように結合することにより，サイトソル側に突き出した部位にあるチロシンキナーゼを活性化するらしい[6-9]．この方式はヒトでサイトカインが受容体（IL-17R）に結合して働くときの方式と似ている．さらに最近になって，Torso受容体が二量体になるときに，細胞膜貫通部分でSS結合が形成されていると報告された[6-10]．受容体の活性化のためには，このSS結合が必要だという．この点も免疫系の受容体との類似をうかがわせる．

　こうしてTorso受容体にPTTHが結合すると，サイトソルのMAPK/ERK経路が活性化され，いくつものタンパク質の活性化の経路をたどって最終的に信号が核に伝えられる．その結果，エクジソン合成経路が動き出してコレステロールからエクジソンが合成されて前胸腺から放出される．MAPKは分裂促進因子活性化プロテインキナーゼ（mitogen-activated protein kinase），ERKは細胞外シグナル調節キナーゼ（extracellular signal-regulated kinase）の略称で，両者は同じ分子の別名である．上皮増殖因子受容体にリガンドが結合すると，この一連の反応が起こって転写が活性化し，細胞増殖が起こる．この過程はヒトなどではよく研究されているが，昆虫のTorso受容体によって起こる細胞内の経路については不明な部分が多い．

　古典的なスキームではPTTHが前胸腺を制御する唯一のホルモンだが，これまで述べてきたように，ILPも別の経路で前胸腺のエクジソン産生を刺激する．さらに最近になって，この二つ以外にも前胸腺に作用するペプチドがたくさん見つかってきた[6-11, 6-12]（**図 6.8**）．ミオサプレッシン（MS：RFアミドの一種である）がその1つで，脳の中央部の2対の神経分泌ニューロンでつくられ，側心体で分泌されて前胸腺に抑制的に働く．一方，前胸腺抑制ペプチド（PTSP）は，脳と結腸にある末梢神経に随伴する神経分泌細胞，epiproctodeal glandから分泌される．プレプロペプチドとして転写・翻訳され，その中にアミノ酸9個からなるペプチドが5つコードされている．さらに，複数のFMRFアミド関連ペプチドが胸部神経節から発して前胸腺に終止しているニューロンから放出される．4個のFMRFアミド関連ペプチドは，1つのプレプロホルモンとして翻訳され，塩基性アミノ酸ペアのところで切

6章 無脊椎動物（とくに昆虫）のホルモン

プレプロミオサプレッシン（ショウジョウバエ）
<u>MSFAQFFVAC CLAIVLLAVS NTRAAV</u>QGPP LCQSGIVEEM PPHIRKVCQA 50
LENSDQLTSA LKSYINNEAS ALVANSDDLL KNYN**KR**TDVD HVFLRF**GKR**R 100

ミオサプレッシン（カイコ）
pEDWHSFLRF-NH$_2$

プレプロ PTSP（カイコ）
<u>MRWCLFALWV FGVATVVTAA</u> EEPHHDAAPQ TDNEVDLTED DKRAWSSLHS 50
GWA**KR**AWQDM SSAWG**KR**AWQ DLNSAW**GKR**G WQDLNSAWG**K** RAWQDLNSAW 100
GKRGWQDLNS AWG**KR**DDDEA MEK**K**SWQDLN SVWG**KR**AWQD LNSAW**GKR**AW 150
QDLNSAW**GKR** GWNDISSVWG **KR**AWQDLNSA WG**KR**AWQDMS SAWG**KR**APEK 200
WAAFHGSWGK RSSIEPDYEE IDAVEQLVPY QQAPNEEHID APEKKAWSAL 250
HGTWG**KR**PVK PMFNNEHSAT TNEA 274

FMRF アミド関連ペプチド（カイコ）
<u>MNHPRSIAML AALWLVVSVT</u> STPVRRSPDL EA**RRR**SAIDR SMIRF**GR**STL 50
PVVPPAQPSF LQRYSAPQPA ALTADDLMTF LRAYEEDYSS PVS**KK**SASFV 100
RF**GR**DPSFIR F**GR**SVDEENS GYQAETNTYP Q**RRHR**ARNHF IRL**GR**DNELS 150
ESNDEDRYEV ESERTKRSVV DPCNDCA 177

図 6.8　前胸腺に対して抑制的に働くペプチド
下線部はシグナルペプチド．二重下線部がホルモン本体．太字は切断部の塩基性アミノ酸ペアで G はアミド供与体．

断され，アミド化されてつくられる．これらのペプチドは前胸腺に対して抑制的に働いていて，幼虫の時期に応じてエクジソン産生の細かい制御をしていると考えられている．基本的に摂餌行動をして成長しているときは，エクジソンの合成が抑制されているのである．

20 ヒドロキシエクジソンは，脊椎動物の場合と同じように核内受容体と結合して転写を調節して，脱皮，蛹化にともなうさまざまな生理現象を調節する．核内ではエクジソン受容体と ultraspiracle protein（USP）がヘテロダイマーとなって，ジンクフィンガーモチーフで DNA 上のエクジソン応答配列に結合する．

6.4.2　幼若ホルモン

JH はアラタ体でつくられて分泌される．アラタ体は下垂体に似ていて，

内分泌細胞と神経分泌ニューロンの軸索末端の集合（と毛細血管叢）で構成されている．下垂体と異なるところは，下垂体が前後（あるいは上下）の組み合わせだが，アラタ体は中心に内分泌細胞があり，その周りを神経分泌ニューロンの軸索が囲んでいる点である．免疫組織化学法によって調べてみると，カイコの場合，表層にあるのはカイコ ILP で，PTTH を含む軸索末端はアラタ体内部に入り込んでいる．

　JH の分子については 6.2 節で述べた．この分子もエクジソンと同じように核内受容体と結合して作用を表すと考えられてきたが，その実体はなかなか明らかにならなかった．最近になってショウジョウバエで，Met（Methoprene tolerant protein）あるいは GCE（germ cell-expressed protein）（どちらも bHLH-PAS モチーフをもつ）が JH と結合し，FTZ-f1 というジンクフィンガーモチーフをもつ核受容体タンパク質とヘテロダイマーをつくり，この複合体が DNA と結合して転写調節を行うと考えられるようになってきた[6-13, 6-14]．なお，Methoprene（メトプレン）は JH 類似薬の 1 つで，変態を阻害して害虫を駆除する薬物として使われる．また PAS は，period circadian protein（ピリオド概日性タンパク質），aryl hydrocarbon receptor nuclear translocator protein（芳香族炭化水素受容体核内輸送体タンパク質），single-minded protein の頭文字をとったタンパク質ドメイン名で，これらのタンパク質で最初に発見されたため，こう呼ばれる．FTZ-f1 はショウジョウバエの発生の初期に各体節の性質を決めるペアルール遺伝子の fushi tarazu（ftz）のコファクターとして，ftz が DNA に結合できるように働く．

　これでエクジソンと JH が，それぞれ受容体に結合して作用を表すことはわかった．それではこの 2 つのホルモンはどのようして脱皮と変態を制御しているのであろうか．これまでの研究でわかったことを，主として文献 6-15 をもとにまとめてみると，次のようになる（図 6.9）．

　脱皮の際に起こる昆虫体内の変化は，生理学的なものから行動まで，実に多岐にわたっている．しかも幼虫の脱皮の時と蛹化脱皮のとき，さらには成虫への脱皮のときでは必要な機能は異なっている．これらの機能を引き起こす多数の遺伝子（図 6.9 の右側にある 5 つのボックスでその一部を示した）

6章　無脊椎動物（とくに昆虫）のホルモン

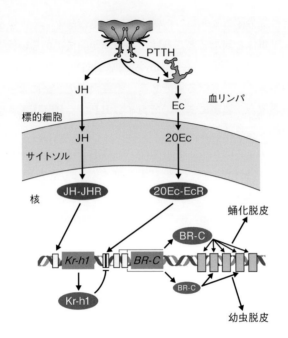

図 6.9　昆虫の幼虫脱皮から蛹化への切り替わりを支配する
　　　　ホルモン機構の模式図
　　　　JH，PTTH，Ec，20Ec などの略語は本文を参照．

が，どのように時間を追って正確に制御されているのかはよくわかっていない．現在のところ，*BR-C*（broad complex）という遺伝子（図 6.9 の *BR-C*）が，ジンクフィンガーモチーフをもった転写調節因子（複数ある）をコードしていて，この遺伝子の発現によって，さまざまな脱皮に関するイベントの発現が調節されていると考えられている．

この *BR-C* 遺伝子の上流には 2 つのプロモーターがあり（図 6.9 の *BR-C* の左側の 2 つのボックス），さらに上流には 2 つのエクジソン応答エレメントがあり，それに挟まれて Kr-h1 結合部位が存在する（図 6.9 の白黒白のボックス）．2 つのプロモーターのうち，近位のものはホルモンの有無にかかわらず転写が開始されるためのプロモーターで，遠位のものはエクジソン（Ec）によって活性化されて転写が起こり，JH によって転写が抑制されるプロモー

6.4 PTTH, ILP, JH, エクジソン

ターである．

　エクジソン（Ec）によって転写が起こるのは，細胞内に取り込まれたEcが活性型の20ヒドロキシエクジソン（20Ec）になり，受容体（EcR）と複合体（20Ec-EcR）をつくってエクジソン応答エレメントに結合して転写を開始させるためである．その結果，BR-C転写調節因子タンパク質の量が増える（図では翻訳の様子は省略してある）．

　一方のJHは，アラタ体から分泌されて細胞に取り込まれ，JH受容体と複合体（JH-JHR）をつくり，*Kr-h1*（Krüppel homolog 1）という遺伝子の上流にある応答エレメントに結合して，Kr-h1タンパク質を作るように働く．このタンパク質も転写調節因子で，上に述べた20Ec-EcR応答エレメントの黒い部位に結合して，エクジソンによるBR-Cの転写を抑制する．

　こうしてJHの分泌が続いていれば，エクジソンによるBR-Cの発現は抑制され近位のプロモーターだけの転写調節により幼虫脱皮が起こる．幼虫が齢を重ねて十分に成長を遂げるとJHの分泌が低下し，Kr-h1による抑制がなくなって遠位のプロモーターの転写も加わり，エクジソンによるBR-Cの発現が十分に起こり，その結果，蛹化脱皮が起こり，さらに次の脱皮は成虫脱皮になると考えられる．このようにまとめたが，じつは*Kr-h1*と*BR-C*の間に，別の遺伝子early ecdysone response gene（E93）が存在するという報告[6-16, 6-17]がある（図6.9では省略した）．昆虫は形態も生態もさまざまで，鞘翅類（甲虫），双翅類（ハエ），鱗翅類（チョウやガ）では，それぞれホルモンの働きかたが随分と異なっている．ここでは主に鱗翅類と双翅類の研究をもとに述べている．

　このようなアラタ体からのJHの分泌は，脳の神経分泌ニューロンが産生するアラトトロピン（刺激）とアラトスタチン（抑制）という2つのニューロペプチドで制御されている．ちなみにアラトトロピンはARGFamideで，受容体はどちらもGPCRである．

　タバコスズメガでの実験によると，脳のアラトトロピンは幼虫期に発現していて，5齢の4日目以降は発現しなくなる．また蛹や成虫でも発現していない．一方のアラトスタチンはA, B, Cの3種類あって，それぞれ別のニュー

プレプロアラトトロピン (タバコスズメガ)

<u>MNLTMQLAVI VAVCLCLAEG</u> APDVRLTRTK QQRPT**R**<u>GFKN VEMMTARGF**G**</u> 50
KRDRPHPRAE RDVDHQAPSA RPNRGTPTFK SPTVGIARDF GKRASQYGNE 100
EEIRVTRGTF KPNSNILIAR GYGKRTQLPQ IDGVYGLDNF WEMLETSPER 150
EVQEVDEKTL ESIPLDWFVN EMLNNPDFAR SVVRKFIDLN QDGMLSSEEL 200
LRNF 204

プレプロアラトスタチン A (ショウジョウバエ)

<u>MNSLHAHLLL LAVCCVGYIA SS</u>PVIGQDQR SGDSDADVLL AADEMADNGG 50
DNID**KR**<u>VERY AFGL</u>**GRR**<u>AYM YTNGGPGMKR</u> <u>LPVYNFGL**GK** R</u><u>SRPYSFGL**G**</u> 100
KRSDYDYDQD NEIDYRVPPA NYLAAERAVR PGRQN**KR**<u>TTR PQPFNFGL**GR**</u> 150
R 151

図 6.10　アラトトロピンとアラトスタチンの一次構造
　　いずれもプレプロの形で示している．下線部はシグナルペプチド，
　　二重下線部がホルモン本体．

ロンで産生されている．3 つのうちアラトスタチン A が，アラタ体で分泌されて JH 産生を抑制している．

　アラトトロピンはアラタ体を刺激するペプチドとして同定されたが，実はさまざまのニューロンや組織で産生されていて，筋肉同化作用 (myotropic)，腸のイオン運搬の抑制，成虫の心臓拍動の増加作用などを示す．一方のアラトスタチンは腸に作用して食欲を制御し，さらに昼夜活動のリズムを制御していることが示されている．

6.4.3　ILP, IGF

　ILP と IGF はどちらも幼虫と成虫の成長に関係している．これらについては研究が進んでいるショウジョウバエでの結果をもとに述べる[6-18〜6-26]．

　ヒトではインスリン受容体と IGF 受容体は異なる分子だが，昆虫の場合は ILP も IGF も同じ ILP 受容体に結合する．この受容体は，3.7 節で述べた受容体型チロシンキナーゼで，ヒトの場合は図 3.30 にあるような経路をたどって，GLUT4 を細胞膜に埋め込み，さらにグリコーゲン合成などの代謝経路を活性化する．この図ではそれ以外のシグナル伝達系は省略してあるが，実際には複数のシグナル伝達系を活性化する．昆虫を例にそれを示したのが，

6.4 PTTH, ILP, JH, エクジソン

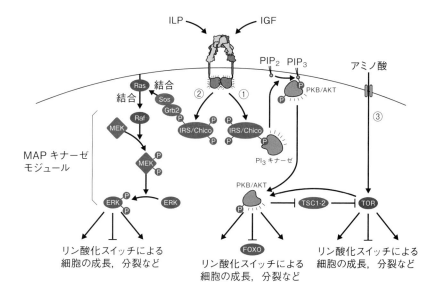

図 6.11 インスリン様ペプチド（ILP）とインスリン様成長因子（IGF）が受容体に結合したあと，細胞内で起こるシグナル伝達経路の模式図
実際はもっと複雑だが整理して描いている．略語は本文参照のこと．①②③は本文参照．

図 6.11 である．

昆虫の ILP あるいは IGF が受容体に結合すると，細胞内にリン酸化の連鎖反応を引き起こす．これらのインスリンシグナル伝達経路を構成する，タンパク質をコードしている多くの遺伝子は，昆虫でもセンチュウでも哺乳類でもオルソログで，よく保存されている．

図 6.11 にあるように，①の経路では，受容体型チロシンキナーゼはインスリン受容体基質（IRS；昆虫では Chico と呼ばれる）をリン酸化し，IRS/Chico は PI_3 キナーゼを活性化し，PI_3 キナーゼは PIP_2 を PIP_3 にリン酸化し，PIP_3 が PKB/AKT を活性化する．

昆虫では PKB/AKT は GLUT を膜に埋め込むことはせず，細胞の成長に関係する代謝系と転写調節に関与するタンパク質をリン酸化して活性化し，後者は転写を促して細胞の成長，細胞分裂等を誘導する．また FOXO（Forkhead box protein O）という転写調節因子を抑制して，結果として

6章 無脊椎動物（とくに昆虫）のホルモン

FOXO がストレスや飢餓によって誘導される細胞周期の抑制を解除している.

②の経路は，Ras を出発点として MAP キナーゼモジュールを次々とリン酸化し，最後に ERK（= MAP キナーゼ）をリン酸化する経路である．リン酸化された ERK は核内に入ることができるようになり，核内に移行して転写調節因子に働きかけて転写を促進し，細胞の成長や増殖を引き起こしている.

③の経路には，やはりキナーゼである TOR (target of rapamycin) が関わる. TOR は細胞内に取り込まれたアミノ酸の量によって活性化され，代謝や転写に関係するタンパク質を活性化して，細胞の増殖と成長を促す.

①と③の PKB/AKT と TOR の経路は，互いにクロストークをしており，お互いに活性を高めあっている．つまり，餌を食べて消化し，血リンパにアミノ酸が十分にあると，この信号が脳に伝えられて ILP の分泌を誘導し，両者が相まって成長を促進することになる.

幼虫の場合は，ILP は幼虫自身の成長とともに，成虫原基の成長をも促している．栄養状態だけでなく，環境の良し悪し，日照時間などの外部の要因からの入力もあって，成長は精妙に統御されている.

4.10 節で，ヒトの思春期の到来と栄養との関係について「脂肪組織が分泌するレプチンが，いくつかの経路を介してこのキスペプチン・GnRH 系に働きかけている．体の大きさがある程度になって初めて思春期が到来するのも，飢餓が生殖を抑制するのも，この入力のためである」と述べた．一定以上の成長が繁殖への切り替えに大きくかかわっているのである．これと同じことが昆虫でも起こっている．幼虫の成長が一定の大きさに達したところで，脱皮のスイッチが入るのである．この一連の生理学的変化には，これまで述べてきた脳の ILP 産生ニューロン，エクジソンを分泌する前胸腺に加えて，脂肪体が大きくかかわっている.

昆虫の脂肪体は，ヒトの肝臓と脂肪組織の両方の機能を兼ね備えた器官で，昆虫の生理現象にとって極めて重要な器官である．脂肪体を構成する細胞は，血リンパ中のアミノ酸や，糖，中性脂肪のセンサーになっていて，その情報

を脳のILP産生ニューロンに伝えている.

ショウジョウバエでは,アミノ酸が図6.11の③のような方式で脂肪体細胞に働いて,ILPの産生と放出を調節していることが示されている.さらにショウジョウバエの幼虫からとった脳と脂肪体を遠心管で共培養すると,脳は重いので遠心管の底に沈み,脂肪体は軽いので表面に浮いて,両者の直接の接触はなくなるが,培養液中にILPが分泌される.このことから,脂肪体はアミノ酸量を感知して何らかの液性情報を分泌し,それが脳に作用してILPの分泌を促進していると考えられる[6-27].

この液性情報の本体(少なくともその1つ)が明らかになっている[6-28]. その物質はサイトカインの一種であるUnpaired 2(Upd2)であった.Updには1,2,3と3種類あるが,そのうちUpd2だけが標的細胞の受容体に結合し,JAK/STATシグナル伝達経路を活性化してその作用を表す.

Upd2は直接,ILP産生ニューロンに作用するのではなく,ILP産生ニューロンと併存してILPニューロンに投射しているγ-アミノ酪酸(GABA)ニューロンの細胞膜にあるDomeというサイトカイン受容体に結合して,上に述べたようにJAK/STATを活性化し,GABAニューロンからのGABAの放出を抑制する.ILPの放出を抑制するGABAの作用が弱くなるので,結果的にILPニューロンはILPを放出するようになり,ILPが成長を促す作用を表す.

さらに興味深いことに,Upd2はレプチンと構造が似ており,しかもUpd2遺伝子の突然変異により機能しなくなった個体に,ヒトのレプチンを注射すると,機能が回復したのである.ショウジョウバエのUpd2は機能的にみるとレプチンのオルソログだったことになる.ちなみに,Upd2は発生の過程でもさまざまな機能を発揮している.

JHの脱皮と変態における役割について6.4.2節で述べてきたが,実はJHにはこれ以外にもさまざまな作用があることがわかっている.その1つが脱皮の引き金となる成長に対する働きである.ショウジョウバエではJHは脂肪体に作用して,IGF様ペプチドの分泌を促し,このIGF様ペプチドは幼虫の成長を促す.

これ以外に脂質動員ホルモン(AKH)という脂肪の動員に作用するホル

6章 無脊椎動物(とくに昆虫)のホルモン

<u>MNPKSEVLIA AVLFMLLACV QCQLTFSPDW</u> **GKR**SVGGAGP GTFFETQQGN 50
CKTSNEMLLE IFRFVQSQAQ LFLDCKHRE 79

図6.12 ショウジョウバエの脂肪動員ホルモン(AKH)
下線部がシグナルペプチドで二重下線部がホルモン本体.

モンがある(図6.12).ショウジョウバエのAKHは側心体から分泌されるアミノ酸8個(バッタでは10個)からなるニューロペプチドで,N末端のグルタミン(Q)はピログルタミル化され,C末端のトリプトファン(W)はアミド化されていて,両端でエンドペプチダーゼの働きをブロックする形になっている.

脂肪体にAKHの受容体があり,脂肪を分解してできるジアシルグリセロールを血リンパ中に放出させる.また糖(トレハロース)の放出にもかかわるといわれる.このホルモンが飛翔に必要なエネルギー源を供給するホルモンとして働いている.

上述したように,ボンビキシン(カイコのILP)の前胸腺に対する作用は,カイコとエリサンでは異なっていた.エリサンでは前胸腺にもILP受容体があって細胞内にシグナル伝達が起こるが,カイコではうまく作動しなくなっているものと思われる.そのため,エリサンではカイコILPで成虫脱皮が引き起こされたのに,カイコでは成虫脱皮が起きなかったのであろう.これも人為選択によるものと思われる.

これまで明らかになったさまざまなことをまとめて古典的スキームを描きなおすと,およそ図6.13のようになるだろう.実際はもっと多くの因子が作用しあっているが,あまりに煩雑になるので,かなり整理して描いている.

昆虫のホルモンはこれまで述べたもの以外にも,休眠や脱皮後の表皮の硬化などに関係するホルモンなどがある.さらに詳しい節足動物の昆虫と甲殻類の成長や変態とホルモンについては,第II巻第1部にある,それぞれの章を参照してほしい.また無脊椎動物全体のホルモンに関する総説6-29も参考になる.

6.4 PTTH, ILP, JH, エクジソン

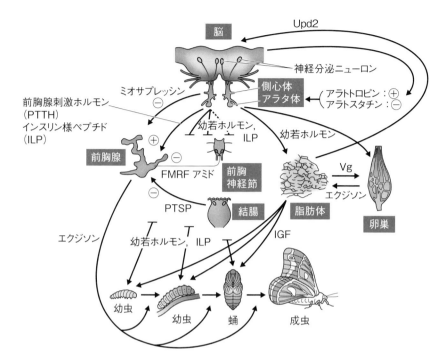

図6.13 図6.3の古典的スキームに，その後に明らかになったホルモンとその作用を付け加えた概略図
⊕は促進，⊖は抑制．Vgはビテロゲニン．

6章 引用文献

6-1) Srivastava, M. *et al.* (2010) Nature, **466**: 720-726.

6-2) Putnam, N. H. *et al.* (2007) Science, **317**: 86-94.

6-3) Chapman, J. A. *et al.* (2010) Nature, **464**: 592-596.

6-4) 石崎宏矩（2006）『サナギから蛾へ』名古屋大学出版会.

6-5) Iwami, M. (2000) Zool. Sci., **17**: 1035-1044.

6-6) Mizoguchi, A., Okamoto, N. (2013) Front. Physiol., **4**: 217.

6-7) Aslam, A. F. M. (2011) Zool. Sci., **28**: 609-616.

6-8) Rewitz, K. F. *et al.* (2009) Science, **326**: 1403-1405.

6-9) Jenni, S. *et al.* (2015) Mol. Cell, **17**: 941-952.

6-10) Konogami, T. *et al.* (2016) Sci. Rep., **6**: 22437.

6-11) Tanaka, Y. (2011) Front. Endocrinol., **2**: 107.

6-12) Marchal, E. *et al.* (2010) Peptides, **31**: 506-519.

6-13) Riddiford, L. M. (2012) Gene. Comp. Endocrinol., **179**: 477-484.

6-14) Bernardo, T. J., Dubrovsky, E. B. (2012) J. Biol. Chem., **287**: 7821-7833.

6-15) Kayukawa, T. *et al.* (2016) J. Biol. Chem., **291**: 1751-1762.

6-16) Belles, X., Santos, C. G. (2014) Insect Biochem. Mol/ Biol., **52**: 60-68.

6-17) Ureña, E. *et al.* (2016) PLOS Genet., **12**: e1006020.

6-18) Okamoto, N. *et al.* (2009) Dev. Cell, **17**: 885-891.

6-19) Okamoto, N. *et al.* (2011) Gen. Comp. Endocrinol., **173**: 171-182.

6-20) Huang, J., Manning, B. D. (2009) Biochem. Soc. Trans., **37**: 217-222.

6-21) Nässel, D. R., Broeck, J. V. (2016) Cell. Mol. Life Sci., **73**: 271-290.

6-22) Koyama, T. *et al.* (2013) Front Physiol., **4**: 263.

6-23) Andersen, D. S. *et al.* (2013) Rend Cell Biol., **23**: 336-344.

6-24) Mirth, C. K., Shingleton, A. W. (2012) Front. Endocrinol., **3**: 49.

6-25) Edgar, B. A. (2006) Nature Rev. Genet., **7**: 907-916.

6-26) Badisco, L. *et al.* (2013) Front. Endocrinol., **4**: 202.

6-27) Géminard, G. *et al.* (2009) Cell Metab., **10**: 199-207.

6-28) Rajan, A., Perrimon, N. (2012) Cell, **151**: 123-137.

6-29) Hatenstein, V. (2006) J. Endocrinol., **190**: 555-570.

7. ホルモンとは何か
—再び信号分子による調節機構の進化を考える—

2章から6章まで，さまざまなホルモンを例に（全部のホルモンは取り上げられなかったが），分子の構造，機能，分泌の制御，進化の道筋（の推定）について述べてきた．話があちこちに飛んでいるので，全体像を整理するために，ここでもう一度，信号分子としてのホルモンについて進化の観点を加えてまとめてみよう．

7.1 生体を調節する三大システム

生体を調節する三大システムとして，神経系，内分泌系，免疫系があり，三者はお互いに「クロストーク」しているという図をよく見かける（**図7.1**）[7-1]．かくいう筆者も講義で使っていた．この図の示すところは，ヒトが生きていく上で必須の生理学的な調節機構は，大きくみて3つあり，それぞれが独自の化学的な信号分子を作って放出し，それぞれの守備範囲を調節

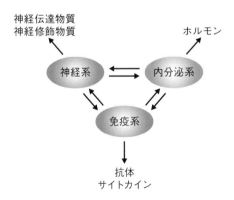

図7.1 三大調節系が出力する作用因子と各系の間のクロストークを示す模式図

しているが，それぞれの系の間でお互いに情報の交換（クロストーク）をしていて，全体として個体のホメオスタシスを実現しているというものである．

比較内分泌学は，図 7.1 の内分泌の系について，それぞれの研究者が対象とする動物を使って，ある現象とそれを支えるホルモンに関して，動物の進化という視点から追求する学問分野である．ところが，これまで書いてきたように，無脊椎動物から脊椎動物の内分泌現象を振り返ると，図 7.1 にある神経修飾物質（neuromodulator）の本体であるニューロペプチドと，神経分泌（neurosecretion）物質と名づけられたペプチドホルモンの間には本質的な違いはほとんどないことに気が付く．またニューロンの放出する信号分子を，神経伝達物質（neurotransmitter）と神経修飾物質（neuromodulator）というように分けているが，この分け方は便宜的なものである．信号分子がイオノトロピックな受容体に結合すれば速い神経伝達を引き起こすし，メタボトロピックな受容体に結合すれば遅い神経伝達あるいは神経修飾を引き起こす．最も単純な神経伝達物質であるアセチルコリンでさえも，ニコチン性受容体と結合すれば速い伝達を，ムスカリン性受容体に結合すれば遅い伝達をする．どのような情報となるかは，信号分子と受容体の組み合わせに依存するのである．

また抗体はちょっと別だが，免疫系の出力因子であるサイトカインの働き方も，受容体と結合して細胞内に情報を伝える様式はホルモンの場合と同じである．

動物の進化をさかのぼれば，多細胞生物になって個体として全体を統合するために，細胞間の情報交換が必要になった．最初の多細胞生物は，血管系がまだないのだから，情報交換の手段は細胞膜に埋め込まれた膜タンパク質を介した情報のやり取りをする方式と，ニューロンによる伝達だったと思われる．現生のヒドラをみれば，ニューロンがあり，ニューロペプチドが信号分子として機能しているので，このようなものが最初の一歩だったのだろうと推測される．多くの無脊椎動物では（この本では昆虫しか扱わなかったが），ニューロンの産生するニューロペプチドが主な信号分子である．

7.2 インヒビン，アクチビン

　生殖腺刺激ホルモンである LH の分泌とその制御機構の模式図を図3.32に載せたが，もう一方の FSH については簡単にしか触れなかった．FSH 分泌の制御は LH の場合とはだいぶ異なるのである．

　精巣から分泌される水溶性因子が，下垂体主葉の機能を制御していることが示唆されたのは 1923 年のことで，1932 年には精巣の水溶性抽出物が，去勢による下垂体の肥大を抑制することが示され，はやばやとこの因子にインヒビンという名前が与えられた．その後の詳しい歴史的流れは総説 7-2 に譲るとして，インヒビンは雌では卵巣濾胞液にも含まれることが明らかになり，インヒビンは LH の分泌には影響を与えずに，FSH の分泌を抑制することが明らかになっていく．

　こうした背景のもと，1985 年に FSH 分泌の抑制を指標にしてブタとウシの濾胞液からインヒビンが単離され，分子量 20 kDa の α 鎖と 13 kDa の β 鎖がジスルフィド結合したヘテロダイマーの糖タンパク質であることが明らかになる．α 鎖は共通で β 鎖には A と B があるので，インヒビンにはインヒビン A（$\alpha\beta_A$）とインヒビン B（$\alpha\beta_B$）の 2 種類あることも判明する．

　インヒビンの単離と生成の過程で，インヒビン β 鎖がジスルフィド結合したホモダイマーが FSH 分泌を促進することが判明して，アクチビンと名づけられた．インヒビン β 鎖は 2 種類あるので，その組み合わせ方によって，アクチビンには，アクチビン A（$\beta_A\beta_A$），アクチビン AB（$\beta_A\beta_B$），アクチビン B（$\beta_B\beta_B$）がある．

　インヒビン α もインヒビン β もプレプロホルモンとして転写・翻訳され，プロホルモンの C 末端の 110 ないし 130 アミノ酸残基がそれぞれ切り出されてホルモンとなる（図 7.2）．α と β の間ではおよそ 25％，β_A と β_B の間では 65％の相同性がある．

　インヒビンは雄では精巣のセルトリ細胞，雌では卵巣の顆粒膜細胞から FSH の働きによって産生・分泌され，下垂体の生殖腺刺激ホルモン産生細胞に作用して FSH の産生を抑制する．一方のアクチビンは，下垂体でつく

7章 ホルモンとは何か

インヒビンα

<u>MVLHLLLFLL LTPQGGHSCQ</u> GLELARELVL AKVRALFLDA LGPPAVTREG 50
GDPGVRRLPR RHALGGFTHR GSEPEEEEDV SQAILFPATD ASCEDKSAAR 100
GLAQEAEEGL FRYMFRPSQH TRSRQVTSAQ LWFHTGLDRQ GTAASNSSEP 150
LLGLLALSPG GPVAVPMSLG HAPPHWAVLH LATSALSLLT HPVLVLLLRC 200
PLCTCSARPE ATPFLVAHTR TRPPSGGERA **RR**<u>STPLMSWP WSPSALRLLQ 250
RPPEEPAAHA NCHRVALNIS FQELGWERWI VYPPSFIFHY CHGGCGLHIP 300
PNLSLPVPGA PPTPAQPYSL LPGAQPCCAA LPGTMRPLHV RTTSDGGYSF 350
KYETVPNLLT QHCACI</u> 366

インヒビンβ_A

<u>MPLLWLRGFL LASCWIIVRS</u> SPTPGSEGHS AAPDCPSCAL AALPKDVPNS 50
QPEMVEAVKK HILNMLHLKK RPDVTQPVPK AALLNAIRKL HVGKVGENGY 100
VEIEDDIGRR AEMNELMEQT SEIITFAESG TARKTLHFEI SKEGSDLSVV 150
ERAEVWLFLK VPKANRTRTK VTIRLFQQQK HPQGSLDTGE EAEEVGLKGE 200
RSELLLSEKV VDARKSTWHV FPVSSSIQRL LDQGKSSLDV RIACEQCQES 250
GASLVLLGKK KKKEEEGEGK KKGGGEGGAG ADEEKEQSHR PFLMLQARQS 300
EDHPHRRR**RR** <u>GLECDGKVNI CCKKQFFVSF KDIGWNDWII APSGYHANYC 350
EGECPSHIAG TSGSSLSFHS TVINHYRMRG HSPFANLKSC CVPTKLRPMS 400
MLYYDDGQNI IKKDIQNMIV EECGCS</u> 426

インヒビンβ_B

<u>MDGLPGRALG AACLLLLAAG WLGPEAWG</u>SP TPPPTPAAPP PPPPPGSPGG 50
SQDTCTSCGG FRRPEELGRV DGDFLEAVKR HILSRLQMRG RPNITHAVPK 100
AAMVTALRKL HAGKVREDGR VEIPHLDGHA SPGADGQERV SEIISFAETD 150
GLASSRVRLY FFISNEGNQN LFVVQASLWL YLKLLPYVLE KGSRRKVRVK 200
VYFQEQGHGD RWNMVEKRVD LKRSGWHTFP LTEAIQALFE RGERRLNLDV 250
QCDSCQELAV VPVFVDPGEE SHRPFVVVQA RLGDSRHRIR **KR**<u>GLECDGRT 300
NLCCRQQFFI DFRLIGWNDW IIAPTGYYGN YCEGSCPAYL AGVPGSASSF 350
HTAVVNQYRM RGLNPGTVNS CCIPTKLSTM SMLYFDDEYN IVKRDVPNMI 400
VEECGCA</u> 407

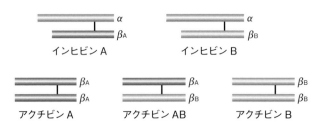

図7.2 ヒトのインヒビンα, β_Aおよびβ_Bの翻訳直後のアミノ酸配列
下線はシグナルペプチド，太字は塩基性アミノ酸ペアの切断部，二重下線部がホルモン本体．下図はそれぞれの組み合わせによるダイマー構造のホルモン．

7.2 インヒビン，アクチビン

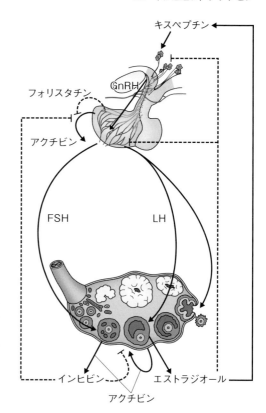

図 7.3　FSH 分泌とインヒビン，アクチビンの関係
右側には比較のため LH 分泌を載せてある．図に示したそれぞれのホルモンの分泌場所は正確ではない．また，卵巣でのインヒビンとアクチビンの傍分泌的フィードバックは濾胞の発育の各ステージで起こる．実線は促進，点線は抑制．

られ FSH の分泌を促進する．さらに卵巣でも産生され，傍分泌的に働いて濾胞の発育を調節し，雄では精子形成を促進する（図 7.3）．

　アクチビンが膜一回貫通型のタンパク質でサイトソル側にセリン／トレオニン・キナーゼ活性をもつ受容体 II 型と結合すると，受容体 I 型と結合できるようになり，II 型のキナーゼが I 型をリン酸化して活性化し，I 型キナーゼは Smad シグナル伝達経路をリン酸化して活性化し，経路の最終では一部が核に移行し，転写調節因子としてさまざまな遺伝子の発現を引き起こす．下垂体では上に述べたように FSH の産生を促進する（図 7.4）．

　一方のインヒビンは，上に述べた受容体 II 型と結合するとセリン／トレオニン・キナーゼ活性をもたない受容体が結合し，アクチビンの結合を阻害す

7章 ホルモンとは何か

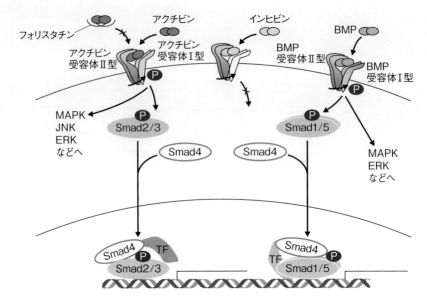

図7.4 アクチビンとインヒビンの作用を示す模式図
サイトソル内の過程はかなり省略してある．参考のために
BMPシグナル伝達経路も加えた．

ることで，アクチビンの信号が細胞内に伝わることを抑制する（**図7.4**）．

さらに，直接アクチビンに結合して，アクチビンが受容体に結合するのを妨げるフォリスタチンというタンパク質が見つかっている．フォリスタチンが結合したアクチビンは受容体に結合できなくなり，受容体は細胞内にエンドサイトーシスによって取り込まれて分解されるために，フォリスタチンはアクチビンのアンタゴニストとして作用する．フォリスタチンはアクチビンの標的細胞で発現していることが多く，またその産生がアクチビンや他の因子によって調節されていることから，アクチビンとフォリスタチンは相互に作用しあって，精巣や卵巣の機能を精妙に調節していると考えられている[7-3]．生殖腺刺激ホルモン産生細胞におけるインヒビン，アクチビン，フォリスタチンの作用などについては文献7-4を参照のこと．

このように生殖腺刺激ホルモン産生細胞でのFSHの産生と分泌の調節は，

どちらもタンパク質を介して行われており，LHの場合のステロイドホルモンによる抑制とは大きく異なっている．FSHの働きが，濾胞の発育のように細胞の増殖と分化をともなう事象を調節しているためだろう．

こうしてFSH分泌を調節するホルモンとして発見されたインヒビンとアクチビンは，じつはBMP，成長分化因子（GDF），TGF-β，ミューラー管抑制ホルモン（MIH）とともに，TGF-βスーパーファミリーに属するサイトカインの一員であって，ホルモンという範囲には収まらないことが明らかになる[7-2]．

これらの分子に共通していることは，いずれも受容体Ⅰ型と受容体Ⅱ型と結合して，Smadシグナル伝達経路を介して，転写調節因子として働くことである．また分子と受容体は必ずしも1：1で対応しているのではなく，1つの分子は複数の受容体と結合することができる．TGF-βという名前は発見の経緯で付けられたものだが，実際はさまざまな細胞で産生されて作用するサイトカインで，細胞の増殖，分化，アポトーシスなどに関与している．すでに述べたことであるが，これらの分子はcystine knot構造を有している．

7.3　もう1つの系，発生を加えて眺めてみると

7.2節で述べたアクチビンは，ホルモンとして見つかったが，サイトカインでもあった．このアクチビンは，さらに発生の過程でも重要な役割を演じる分子であることが明らかになる．

発生学では，長らくイモリで二次胚を誘導する形成体（オーガナイザー）として働く原口背唇部の作用の本体を探し求める研究が続けられた．長い試行錯誤ののち，カエル胞胚の予定外胚葉域を切り出して（アニマルキャップと呼ぶ）アクチビンで処理すると，濃度によってさまざまな器官を誘導することが発見された[7-5]．アクチビンは発生の初期の過程で重要な働きをする分子だったのである．誤解を恐れず簡単に述べると，アクチビンが背側誘導，BMPが腹側誘導の引き金となる物質だったのである．アクチビンは図7.4のようなシグナル伝達機構によって転写を開始して，発生を次の段階へと進めていく（実際にはもっと多くの分子が関係しており，フォリスタチンもそ

の一つである)[7-6].5.4節の下垂体の発生のところでも述べたBMPは,さまざまな器官形成の初期にも働く分子である.

これまでも成長因子であるFGFが分化・誘導に作用することを述べてきた.こう考えると,7.1節に述べた3つの系に加えて,発生の過程で働く傍分泌性の転写調節因子群も視野に入れておかなければならないことに気が付く.

FGFにしてもBMPにしても,あるいはアクチビンにしても,その名前は最初に見つけた現象から付けられることが多い.しかしながら後から見つかる働きは,その現象とはかけ離れたものであることが多いので,名前にこだわっていると本質を見落とすことがある.名前の呪縛である.なぜそのようなことが起こるのであろうか.

もともと生体を制御するさまざまな信号分子には名前がなく,無色である.人間が認識して区別するために名前を与える.ホルモン,サイトカイン,神経伝達物質というような上位概念も同様である.命名者は自分の学問的バックグラウンドから,現象を反映するような名前を付ける.それぞれ研究者がそれぞれの立場で拾い上げて議論するために,図7.1のような枠組みができるが,実際には細胞,組織,あるいは個体の中では,信号分子全体がシステムとして相互に関連しあっているのだから,クロストークしているのはある意味では当然だということになる(図7.5).

たとえば最初にホルモンという名前を冠せられた栄誉に輝くセクレチンは,血液を介して膵臓に働いて重炭酸塩と水の多い消化液の分泌を促すホルモンとして見つかったが,最近の研究では,腸だけではなく視床下部の視索上核と室傍核の神経分泌ニューロンで産生されて下垂体後葉から放出され,バソプレシンとは独立して水分代謝に関与しているという.このほか,視床や嗅球などの中枢神経系,さらに肝臓や心臓,肺,腎臓などでの発現があり,これらの場所では傍分泌あるいは自己分泌で作用しているらしい.ここでは詳しく述べる紙幅がないが,グルカゴンやVIPなどの消化管ホルモンはファミリーを構成しており,いずれのホルモンもセクレチンと同様,さまざまな作用が認められる[7-7, 7-8].

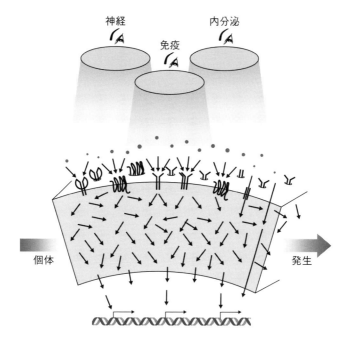

図 7.5 信号分子によって細胞内に引き起こされるシグナル伝達のネットワークとその結果起こる現象を，内分泌，神経，免疫の眼で観察・解析する
大きさの異なる灰色の丸は信号分子で，血液を介してあるいは傍分泌，自己分泌で細胞に作用する．

　一方，オキシトシンを内分泌という窓から見てホルモンという名前でくくったので，信頼という，内分泌とはかけ離れたことに関係するという記事を見て奇異に感じた．だが，2 章で述べたように進化の観点から眺め直せば，オキシトシンは神経伝達物質とも考えられるので納得がいく．

　また，ホルモンとサイトカインとはどう違うのかという質問に対し，「ホルモンは内分泌器官を構成する腺組織から血中に，サイトカインは細胞から周囲の細胞間隙に分泌される分子」というように，分泌場所による違いで定義付けようとする．ところがセクレチンは，内分泌器官として独立な腺組織ではなく，十二指腸の腸腺（腸陰窩）に散在する S 細胞から分泌される．

さらに上述したように，いろいろな場所で傍分泌，自己分泌される．このように，ホルモンとサイトカインの境界はきわめてあいまいである．

科学的手法である，仮説を立て，実験によって検証するという手順は，必然的に単一の因果関係を抽出して実証していくので，このようなことが起こるのは仕方がないことである．ただ，このような思い込みや定義とは関係なく，使い勝手の良い分子は進化の過程で保存され，場所と時間を変えて繰り返し使われている．そのことを認識しながら，ときどきは広い視野に立って眺め直してみる必要があるということだ．

今後は，図 7.5 のような複雑な情報の流れがどのように制御されているかを明らかにするためには，4.11 節で述べたように，コンピューターを駆使したビッグデータの解析，複雑系の解析を行う手法の開発，導入が必要になるのであろう．一神教に色濃く影響を受けている近代科学は，すべてが摂理に従って厳密に制御されていると考えがちであるが，発生の過程を見ていると，この考え方は誤りかもしれず，もっと「いいかげんに」（あるいは確率的に）動いているのかもしれないと思うことがある．

7.4 進化の時間軸

図 7.5 で描いた図には，さらに底辺を流れる進化の時間軸を加える必要がある．生物は必然的に歴史を背負っているからである．図 6.1 にあるように，真正後生動物になって組織が出現し，細胞同士の情報交換が必要になった．この段階では血管系は存在しないので，細胞間の情報交換の方法は，接着タンパク質による直接的なもの（図 7.5 では省略しているが）と，ニューロンが放出する神経伝達物質によるものとが存在したと考えられる．現生のヒドラのゲノムの解析でもそのことは裏付けられている．ヒドラのゲノム解析によれば，この段階でかなりの数の遺伝子が準備されていた（これまで前適応と表現してきた）．その後の進化の過程で，さまざまな小さな変異が加わるとともに，それぞれの遺伝子の発現を調節する，いわゆるツールキット遺伝子が付け加わったり消失したりし，さらに大規模なゲノムの重複によって，表現型にさまざまなバリエーションを生んできたと考えられる．その結果，

進化の道筋にはいくつもの「まだら模様」が生まれた[7-9, 7-10]．図 4.10 のオキシトシン・バソプレシンとその受容体，図 4.23 の CRH とその受容体でそのようなまだら模様が認められるし，セクレチンとその受容体でも同じようなまだら模様がある[7-7]．

　遺伝子レベルでの突然変異（分子進化）は，ランダムで方向性がなく中立であるが，生物が暮らしている環境からの淘汰圧は決して中立ではない．1 章で例に挙げた篩の大きさと目の粗さは，環境によって一様ではないのである．生物はこのようなさまざまな環境に適応して繁殖可能になるまで生き延び，次の世代に遺伝子を引き渡して進化してきた．その結果である現生の生物は，「自然のもつ極上の技量の痕跡を明瞭に備えている」のだし，この痕跡は形態ばかりでなく，機能を担うタンパク質分子とその設計図である DNA にも色濃く残っている．ホルモンを含む信号分子（とシグナル伝達系にかかわる分子群）は，よりよく生きて繁殖し，次の世代をつくることにとって必須だから，その変異は分岐やまだら模様に大いに寄与していると考えられる．ホルモンを含む信号分子（とシグナル伝達系にかかわる分子群）の研究が，このような進化の過程を理解するために大いに寄与できる点だろう．これまでいくつかのホルモン分子のアミノ酸の変異やそれをコードする遺伝子 DNA の塩基の変異をもとにした系統樹（分岐図）を示してきたが，これらの分岐図をすべてまとめたものが太い幹となって，個体群の系統の理解に寄与できるだろう．

　こうしてみると，比較内分泌学は 5 章の章末のコラムで紹介したエボデボならぬエボデボエンド（evolutionary developmental endocrinology）なのだと思う．

　これ以降の巻では，魅力的なキーワードごとに，それぞれの分野の研究者がさまざまな動物を題材に，これまで明らかになってきたこのエボデボエンドの世界を描いている．ホルモンの織りなす興味深い世界を，存分に楽しまれんことを祈って，比較内分泌学の概論を終わることにしたい．

7章　ホルモンとは何か

7章 引用文献

7-1) Norris, D. A., Carr, J. A. (2013) "Vertebrate Endocrinology" 5th edition, Academic Press, London.

7-2) Makanji, Y. *et al.* (2014) Endocrinology Reviews, **35**: 747-794.

7-3) Xia, Y., Schneyer, A. L. (2009) J. Endocrinol., **202**: 1-12.

7-4) Bilezikjian, L. M. *et al.* (2012) Mol. Cell. Endocrinol., **359**: 43-52.

7-5) Ariizumi, T., Asashima, M. (1995) Zool. Sci., **12**: 509-521.

7-6) De Robertis, E. M. *et al.* (2000) Nature Rev. Genet., **1**: 171-181.

7-7) Tam, J. K. V. *et al.* (2014) J. Mol. Endocrinol., **52**: T1-T14.

7-8) Afroze, S. *et al.* (2013) Ann. Transl. Med., **1**: 29.

7-9) Takahashi, H. *et al.* (2008) Mol. Biol. Evol., **25**: 69-82.

7-10) Aruga, J. *et al.* (2007) BMC Evol. Biol., **7**: 201.

略　語　表

ABP：androgen-binding protein（アンドロゲン結合タンパク質）
ACTH：adrenocorticotropic hormone（副腎皮質刺激ホルモン）
ADH：antidiuretic hormone（抗利尿ホルモン）
AKAP：A-kinase anchor protein（Aキナーゼアンカータンパク質）
AKH：adipokinetic hormone（脂質動員ホルモン）
ANP：atrial natriuretic peptide（心房性ナトリウム利尿ペプチド）
AQP：aquaporin（アクアポリン）
ARC：nucleus arcuatus（弓状核）
AVPV：anteroventral periventricular nucleus（脳室周囲核前腹側部）
BMP：bone morphogenetic protein（骨形成タンパク質）
CaM-kinase：Ca^{2+}/calmodulin-dependent protein kinase（Ca^{2+}/カルモジュリン依存キナーゼ）
cAMP：cyclic adenosine monophosphate（環状アデノシン一リン酸）
CCK：cholecystokinin（コレシストキニン）
CG：chorionic gonadotropin（絨毛性生殖腺刺激ホルモン）
CHT：choline transporter（コリントランスポーター）
CRE：cAMP response element（cAMP応答配列）
CREB：cAMP response element binding protein（cAMP応答配列結合タンパク質）
CRH：corticotropin-releasing hormone（副腎皮質刺激ホルモン放出ホルモン）
CYP11B2：aldosterone synthase（アルドステロン合成酵素）
CYP21：21-hydroxylase（21ヒドロキシラーゼ）
DAG：diasylglycerol（ジアシルグリセロール）
DBD：DNA-binding domain（DNA結合ドメイン）
DI：deiodinase（脱ヨード酵素）
ERK：extracellular signal-regulated kinase（細胞外シグナル調節キナーゼ）

略語表

FGF：fibroblast growth factor（線維芽細胞増殖因子）
FOXO：forkhead box protein O
FSH：follicle-stimulating hormone（濾胞刺激ホルモン）
ftz：fushi tarazu
GAP：GnRH-associated peptide（GnRH関連ペプチド）
GCE：germ cell-expressed protein
GDF：growth differential factor（成長分化因子）
GH：growth hormone（成長ホルモン）
GHRH：growth hormone-releasing hormone（成長ホルモン放出ホルモン）
GIP：gastric inhibitory peptide（胃抑制ペプチド）
GLUT：glucose transporter（グルコーストランスポーター）
GnRH：gonadotropin-releasing hormone（生殖腺刺激ホルモン放出ホルモン）
GPCR：G-protein coupled receptor（Gタンパク質共役受容体）
GPH：glycoprotein hormone（糖タンパク質ホルモン）
hES細胞：human embryonic stem cells（ヒト胚性幹細胞）
HPG axis：hypothalamo-pituitary-gonad axis（視床下部－下垂体－生殖腺軸）
HRE：hormone response element（DNAのホルモン応答エレメント）
IGF-1：insulin-like growth factor-1（インスリン様成長因子1）
ILP：insulin-like peptide（インスリン様ペプチド）
IP_3：inositol triphosphate（イノシトール三リン酸）
IRS：insulin receptor substrate（インスリン受容体基質）
IRS-1：insulin receptor substrate 1（インスリン受容体基質1タンパク質）
IUPAC：International Union of Pure and Applied Chemistry
JAK/STAT：janus kinase /signal transducer and activator of transcription
JAK2：Janus kinase 2（チロシンキナーゼの一種）
JH：juvenile hormone（幼若ホルモン）
LPH：lipotropin（リポトロピン）
MAPK：mitogen-activated protein kinase（分裂促進因子活性化プロテインキナーゼ）
MCR：melanocortin receptor（メラノコルチン受容体）

略語表

Met：methoprene tolerant

MLCK：myosin light chain kinase（ミオシン軽鎖キナーゼ）

MS：myosuppressin（ミオサプレッシン）

MSH：melanocyte-stimulating hormone（黒色素細胞刺激ホルモン）

nAChR：nicotinic acetylcholine receptor（ニコチン性アセチルコリン受容体）

NPFF：neuropeptide FF（ニューロペプチド FF）

PACAP：pituitary adenylate cyclase - activating polypeptide（下垂体アデニル酸シクラーゼ活性化ポリペプチド）

PAL：peptidyl-alpha-hydroxyglycine alpha-amidating lyase

PAM：peptidylglycine alpha-amidating monooxygenase

PDGF：platelet-derived growth factor（血小板由来増殖因子）

PDI：protein disulfide isomerase（タンパク質ジスルフィドイソメラーゼ）

PDK1：phosphoinositide-dependent kinase 1（ホスホイノシチド依存性キナーゼ 1）

PHM：peptidylglycine alpha-hydroxylating monooxygenase

PIP_2：phosphatidylinositol 4,5-bisphosphate（ホスファチジルイノシトール二リン酸）

PKA：protein kinase A（プロテインキナーゼ A）

PKB：protein kinase B（プロテインキナーゼ B）

PLC：phospholipase C（ホスホリパーゼ C）

POMC：pro-opiomelanocortin（プロオピオメラノコルチン）

PRL：prolactin（プロラクチン）

PrRP：prolactin-releasing peptide（プロラクチン放出ペプチド）

PTH：parathyroid hormone（副甲状腺ホルモン，別名パラトルモン）

PTSP：prothoracicostatic peptide（前胸腺抑制ペプチド）

PTTH：prothoracicotropic hormone（前胸腺刺激ホルモン）

PZ：pancreozymin（パンクレオザイミン）

QRFP：pyroglutamylated RFamide peptide（ピログルタミン化 RF アミドペプチド）

RANKL：receptor activator of nuclear factor kappa-B ligand（NFκB 活性化受容体リガンド）

RFRP-1 ～ 3：RFamide-related peptide-1 ～ 3（RF アミド関連ペプチド 1 ～ 3）

略語表

SBE I：starch-branching enzyme isoform I
SHH：sonic hedgehog（ソニックヘッジホッグ）
SS：somatostatin（ソマトスタチン）
STAT：signal transducer and activator of transcription（シグナル伝達兼転写活性化因子）
SVG：sauvagine（ソウバジン）
T_3：3, 5, 3'-triiodothyronine（3, 5, 3'-トリヨードチロニン）
T_4：3, 5, 3', 5'-tetraiodothyronine（3, 5, 3', 5'-テトラヨードチロニン／チロキシン）
TGF：transforming growth facter（トランスフォーミング増殖因子）
TOR：target of rapamycin
TRH：thyrotropin-releasing hormone（甲状腺刺激ホルモン放出ホルモン）
TSH：thyroid-stimulating hormone（甲状腺刺激ホルモン）
TTF-1：thyroid transcription factor-1（甲状腺転写因子1）
Ucn：urocortin（ウロコルチン）
USP：ultraspiracle protein
UT：urea transporter（尿素トランスポーター）
VIP：vasoactive intestinal peptide（血管作動性腸ペプチド）
WGD：whole genome duplication（全ゲノム重複）

20種のアミノ酸とその略記号

3文字	1文字	アミノ酸名	覚え方
Ala	**A**	アラニン	頭文字
Arg	R	アルギニン	発音から
Asn	N	アスパラギン	3文字表記の最後の文字
Asp	D	アスパラギン酸	酸 (acid) の D
Cys	**C**	システイン	頭文字
Gln	Q	グルタミン	残り物
Glu	E	グルタミン酸	D の次
Gly	**G**	グリシン	頭文字
His	**H**	ヒスチジン	頭文字
Ile	I	イソロイシン	頭文字
Leu	**L**	ロイシン	頭文字
Lys	K	リシン	L の 1 つ前
Met	**M**	メチオニン	頭文字
Phe	F	フェニルアラニン	発音から
Pro	**P**	プロリン	頭文字
Ser	S	セリン	頭文字
Thr	**T**	トレオニン	頭文字
Trp	W	トリプトファン	環状構造がダブるから
Tyr	Y	チロシン	2 文字目から
Val	**V**	バリン	頭文字

3文字表記のアルファベット順に並べている.
頭文字を当てている場合が多いが (太字), 太字に下線は複数のアミノ酸が該当するので, 出現頻度が高く, 構造がより単純なアミノ酸を選んでいる.
2つの酸性アミノ酸 (アスパラギン酸, グルタミン酸) とその側鎖がアミドとなったアミノ酸 (アスパラギン, グルタミン) の場合は, かなり恣意的である.

索 引

ページ数の後のfは図中に語句が，tは表中に語句があるものです．

記号・数字

α鎖を共通とする糖タンパク質ホルモン 128, 134, 134t
1,25-ジヒドロキシコレカルシフェロール 59t, 164
2R仮説 127 →ゲノム重複
7回膜貫通型受容体 29, 61, 156, 163
11-デオキシコルチコステロン 148f, 149, 149f, 150, 160

アルファベット

Aキナーゼ 66 →PKA
Aキナーゼアンカータンパク質 66, 67f, 68f
ACTH 59t, 121, 122, 127, 128f, 128t, 129, 129f, 130, 131, 149, 179f, 180f, 181
ANP 59t, 98
BMP 156, 158, 178, 179, 179f, 180, 214f, 215, 216 →骨形成タンパク質
C細胞 163 →傍濾胞細胞
Ca^{2+} 28f, 65t, 69, 70, 70f, 71, 77, 77f, 78, 165f
Ca^{2+}/カルモジュリン依存キナーゼ 71
Ca^{2+}チャネル 28, 69, 77f, 78
cAMP 51, 55, 62, 63, 63f, 64f, 65t, 66, 67f, 68, 68f, 77f, 86, 98, 124, 140, 140f, 144, 144f, 163, 187
cAMP依存タンパク質リン酸化酵素 66 →PKA, Aキナーゼ
cAMP応答エレメント 86
cAMP応答配列結合タンパク質（CREBP） 69, 71, 144, 144f
CCK 51, 52, 59t
CG 59t, 135, 136f →絨毛性生殖腺刺激ホルモン
CRH 59t, 119t, 121, 122, 122f, 123, 124f, 126, 130, 141, 219
CRH－ACTH－グルココルチコイド系 130
cystine knot 136, 136f, 138, 193, 196, 215
C末端のアミド化 105, 106f →アミド化
DNA（deoxyribonucleic acid) 4, 7, 8, 8f, 9f, 11, 12f, 16, 58t, 69, 71, 73f, 144f, 187, 191, 195, 198, 199, 219
DNA結合ドメイン 71, 72f
Ec 200, 200f, 201 →エクジソン
FGF 178, 179, 179f, 180, 183, 187, 196, 216
Fight or flight 154
FSH 59t, 128t, 134, 211
GABAニューロン 205
GDP 62, 62f, 64f
GH 74, 128, 128f, 128t, 134
GHRH 59t, 119t, 124
GLUT 75, 76f, 78, 202, 203 →グルコーストランスポーター
GnIH 59t, 107f, 108, 113, 113f, 114
GnIH産生ニューロン 114
GnRH 59t, 70, 77f, 78, 79, 79f, 84, 106, 110, 111, 111f, 113, 114, 117f, 118, 119t, 136, 141, 204, 213f
GnRH1（産生）ニューロン 111, 111f, 116, 161, 162, 162f, 163
GnRH2産生ニューロン 116
GnRH3産生ニューロン 116
GnRH関連ペプチド 117f, 126
GnRH受容体 110, 118, 141
GTP 62, 62f, 64f
Gα 62, 62f, 64f, 65t, 68, 144,
Gβ・Gγ複合体 62, 63, 64f
Gタンパク質 29, 30, 31, 61, 62, 62f, 64, 65, 65t, 66, 68f, 100t
Gタンパク質共役受容体 29, 61, 108, 118
homology 3 →相同
HRE 71, 72, 73, 73f, 74, 74f, 150 →ホルモン応答エレメント
IGF 59t, 128t, 131, 133, 194, 195, 202, 203, 203f, 207f
IGF様ペプチド 205
Ig様ドメイン 92
ILP 195, 196, 197, 199,

索引

202, 203f, 204, 205, 206, 207f
ILP 産生ニューロン　204, 205
IP_3　64, 65f, 69, 70, 70f, 77f, 124, 187
IP_3 受容体　69, 70f
JAK/STAT シグナル伝達経路　133, 205
JH　190, 191, 191f, 196, 199, 200, 200f, 201, 202, 205
LH　59t, 77f, 78, 79f, 111f, 115, 128, 128f, 128t, 134, 135, 135f, 136, 137, 137f, 139f, 140, 140f, 180f, 211, 213f, 215
LH サージ　111, 137
MAPK/ERK 経路　197
MAP キナーゼ　203f, 204, 214f
PAM　106, 106f
PDGF　136, 193
PLC　65, 77f →ホスホリパーゼ C
PKA　66, 68, 69, 77f, 144, 144f
PKB　75, 76f, 203, 203f, 204
PKC　70
PL　59t →胎盤性ラクトゲン
POMC　59t, 127, 129, 129f, 130, 131
POMC ファミリー　127, 129
PTH　164, 171, 172, 172f, 173, 174, 174f, 175, 175f, 176
PTH/PTHrP 受容体　173, 174f, 175f
PTHrP　172, 172f, 173, 174f, 175f, 176
PTTH　190f, 191, 192, 193, 193f, 195, 196, 196f, 197,

199, 200f, 207f
RANKL　171, 172
RF アミド　106, 107, 107f, 108, 113, 188, 197
RF アミド関連ペプチド　113, 197, 198f
SS 結合　23, 30, 92, 125, 134t, 135, 135f, 136f, 192, 192f, 193, 193f, 197
T_3　136, 137, 142, 143, 143f, 144, 144f, 145, 146
T_4　136, 137, 142, 143, 143f, 144, 144f, 145
TGF　136, 193, 215
TGF-β スーパーファミリー　215
TIP39　173, 174f, 175f, 176
Torso　196, 197
TRH　59t, 70, 106, 114, 115, 119t, 120, 126, 136, 141, 142
TSH　59t, 128, 128f, 128t, 134, 136, 137f, 139f, 140, 142, 144f, 179f, 180f
UII　123, 125, 126, 126f
Unpaired 2　205
Wnt タンパク質　156, 178, 179, 179f, 182, 187

あ

愛着　36, 37, 105
アクアポリン　85, 86, 87, 88, 93, 96, 97, 98, 100, 161
アクチビン　211, 213, 214, 215, 216
アクチン　43, 70
足細胞　88, 89, 90, 91, 92f, 97, 104
足突起　89, 91, 92
アセチルコリン　22, 40, 66, 78, 123, 155, 210
アセチルコリン受容体　66, 188
アデニル酸シクラーゼ

62, 63, 65, 67, 68, 158
アドレナリン　21, 48, 52, 53, 54, 58, 59f, 61, 62, 63, 66, 67, 68, 77f, 78, 155, 156
アドレナリンの生合成　156
アフリカハイギョ　87
アミド化　24
　C 末端の　24, 50, 105, 106, 106f, 107, 109, 113f, 115, 121, 124, 198, 206
アミノ酸　9, 9f, 10, 10f, 11, 52, 53, 204, 205, 219
アミノ酸配列　4, 13, 22, 24, 30, 80, 81, 116, 121, 131
　GPHα2 と β5 の　138f
　POMC の　129f
　PTH と副甲状腺ホルモン関連タンパク質の　172f
　アドレナリンβ2 受容体の　54f
　アラトトロピンとアラトスタチンの　202f
　プレプロインヒビンの　212f
　ウズラ・プレプロ GnIH の　113f
　エストロゲン受容体の　73f
　エンドウ枝分かれ酵素の　14f
　オキシトシンの　24f
　オキシトシン・ニューロフィジン複合体の　26f
　オキシトシン受容体の　29f
　カイコプレプロ PTTH の　193f
　カイコとエリサン

索引

PTTH の　196f
カルシトニンとカルシトニン関連ペプチドの　170f
セクレチン受容体の　52f
バソプレシンの　30f
バソプレシン・ニューロフィジン複合体の　30f
プレプロ TRH の　120f
プレプロ GnRH1 の　115f
プレプロ GnRH2 の　116f
プレプロ KISS1 の　109f
プレプロセクレチンの　50f
プレプロ UII の　126f
ボンビキシンの　192f
成長ホルモンとプロラクチンの　132f
脊椎動物の CRH の　122f
糖タンパク質βサブユニットの　135f
アラタ体　190, 191, 196, 198, 199, 201, 202
アラトスタチン　201, 202
アラトトロピン　201, 202
アルカロイド　20
アルドステロン　57, 59t, 148f, 149f, 160, 161
アンドロゲン結合タンパク質　136
アンモニア　23f, 24, 88

い

鋳型鎖　8f, 9
イソトシン　83, 87
イソトシンニューロン　83
一塩基置換　11

一次構造　24　→アミノ酸配列
一雄多雌　36
銀杏ホルモン　52
遺伝子重複　12f, 15, 31, 82, 83, 118
遺伝子のクローニング　26, 172
遺伝的浮動　12f, 15
イノシトール三リン酸　64, 65f　→IP$_3$
インスリン　22, 24, 59t, 74, 75, 75f, 76f, 77f, 78, 79, 79f, 125, 192f, 195
インスリン受容体　74, 75f, 76f, 132, 133
インスリン受容体基質　203
インスリン受容体基質1タンパク質　75
インスリン様成長因子　59t, 131, 187, 189, 203f　→IGF
インスリン様ペプチド　187, 194, 195, 203f, 207f　→ILP
咽頭弓　165, 166, 166f, 167, 167f, 168, 174, 175
咽頭溝　166
咽頭嚢　166, 167f, 175
インヒビン　59t, 211, 212f, 213, 213f, 214f, 215

う

ヴェサリウス　2
ウォルフ管　90f, 91
ウロコルチン　123
ウロテンシン　87　123　→UII

え

エクジソン　190, 190f, 191, 195, 196, 197, 198, 199, 200, 201, 204, 207f

→Ec
エクソサイトーシス　27, 28, 77, 78
エストラジオール　56, 59t, 111f, 137, 140f, 148f, 213f
エストロゲン　74, 74f, 87, 111, 148f
エストロゲン受容体　71, 72, 72f, 73, 73f, 141
エストロン　56, 148f
エピジェネティック　14, 183
エボデボ　161, 181, 182, 219
エボデボエンド　219
エリサ　191, 192, 194, 195, 196f, 206
遠位尿細管　86, 91, 93, 95, 99f, 100, 164
塩基　7, 8, 8f, 9, 9f, 11, 186
塩基性アミノ酸ダブレット（ペア）　27, 109, 115, 116, 120, 129, 170, 171, 192, 193, 197, 198, 212
エンケファリン　129, 130, 131, 155
円口類　82, 168, 169f, 181
エンドペプチダーゼ　105, 106
エンドルフィン　59t, 129, 129f, 130
塩類細胞　149, 175

お

黄体　132, 137
黄体細胞　137
黄体形成ホルモン　77f, 78, 111, 128t　→LH
オーウェン　3
オートラジオグラフィー　37, 38f
オーファン受容体　107, 109, 113, 125
オキシトシン　19, 22, 23,

24, 25, 26, 27, 27f, 28, 30, 31, 32, 34, 35, 37, 38, 39, 40, 42, 59t, 65f, 66, 69, 76, 77f, 80, 81, 81f, 82, 82f, 83, 87, 96, 98, 100, 104, 105, 210, 217, 219
オキシトシン受容体　29, 29f, 31, 37, 38f, 65f, 66, 100, 100t, 104
オキシトシンと愛着　105
オキシトシンニューロン　39, 41, 42, 42f, 77
オキシトシン／バソプレシン受容体ファミリー　101, 104
オキシトシン／バソプレシン・スーパーファミリー　81, 127
遅い神経伝達　40, 210
オピオイド　129, 130, 131

か

カイコ　188f, 189, 191, 192, 193, 194, 195, 196, 198f, 199, 206
開始コドン　9
外耳道　166, 167f
下顎　147, 163
科学的手法　119, 218　→近代科学の手法
下顎隆起　162f, 166, 166f, 167f
鍵と鍵穴　61
核内受容体　71, 72, 72f, 74, 164, 198, 199
下行脚　95, 97
下垂体　21, 22, 27f, 59t, 60f, 79f, 110, 111, 114, 115, 116, 118, 119, 120, 121, 122, 124, 126, 127, 128f, 129, 130, 140, 141f, 176, 179, 181, 195, 211, 213
下垂体後葉（神経葉）　21,

23, 23f, 25, 26, 27f, 30, 32, 35, 39, 40, 42, 83, 85, 141f, 177f, 216
下垂体主葉　127, 136, 139, 140, 142, 163, 176, 179, 179f, 180f, 181,
下垂体腺葉　78, 211
下垂体中葉　129
下垂体プラコード　176, 177, 177f, 178, 178f, 179, 179f, 181
下垂体門脈　43f, 78, 111f, 116, 120, 121, 124, 126, 127, 128f, 142
カタカルシン　169, 170, 171f
顎骨弓　166
活性型破骨細胞　172
活性型ビタミンD　164
カテコールアミン産生組織　160
顆粒膜細胞　137, 140, 150, 211
カルシウムイオン　28, 83, 87, 164, 165f, 170, 172, 173, 175
カルシウム代謝　169, 172, 174, 175, 176
カルシトニン　59t, 163, 164, 165f, 169, 170f, 171f
カルシトニン遺伝子関連ペプチド　170, 170f, 171f
カルマン症候群　161, 162
カルモジュリン　69, 69f, 71
ガレノス　2
換羽　146
間充織細胞　91, 180
環状アデノシン一リン酸　54
間腎組織　160

き

キスペプチン　79, 79f,

107f, 108, 109, 110, 111, 111f, 113, 114, 137, 204, 213f
キスペプチン産生ニューロン　110, 111, 111f, 112
キスペプチン受容体　109
基本転写因子　74
弓状核　110, 124, 128f, 131
球状層　147, 148, 149f, 155f, 160
休眠　206
胸腺　59t, 60f, 166, 167, 167f
莢膜細胞　137
去勢　55, 56, 211
近位尿細管　91, 92f, 93, 95, 99f, 100
銀化　146
近代科学の手法　118

く

グルカゴン　52, 59t, 125, 216
グルカゴン受容体　61, 61f
グルコーストランスポーター　75, 76f　→ GLUT
グルココルチコイド　57, 74, 74f, 126, 130, 142, 148, 148f, 149, 150, 158, クローディン　100
クロード・ベルナール　46
クロストーク　158, 160, 204, 209, 210, 216
クロマフィン細胞　78, 155, 155f, 156, 157, 158, 159f, 160
クロム親和性細胞　155

け

形成体　215
系統樹　16f, 17, 81f, 82f, 101f, 107f, 121, 137f, 139f, 219
血圧 21, 31, 46, 95, 95f, 97,

索引

98, 99f, 105, 161, 182
血小板由来増殖因子 136
　→ PDGF
血糖値 75, 195
ゲノム 15, 86, 102, 102f,
　182, 185, 187, 189
　　イソギンチャクの 187
　　カイメンの 186
　　ヒドラの 187
ゲノム解析（探索） 102,
　104, 118, 119, 138, 139,
　141, 169f, 176, 185, 186,
　187, 189, 194, 218
ゲノム（の）重複 15,
　112, 124f, 127, 131, 133,
　134, 139, 168, 169f, 176,
　218
原腎管 88, 89f, 89

こ

交感神経（節） 53, 54, 78,
　154, 155, 155f, 157, 158
光周期による季節繁殖
　113
甲状腺 46, 59t, 60f, 136,
　137, 141, 142, 143, 146,
　147, 163, 165f, 167
甲状腺刺激ホルモン 120,
　128t, 134, 136　→ TSH
甲状腺刺激ホルモン放出
　ホルモン 70, 106, 119t
　→ TRH
甲状腺の濾胞 143, 144f
甲状腺ペルオキシダーゼ
　144f, 145, 147
甲状腺ホルモン 57, 71,
　74, 74f, 126, 134, 136, 146
　→ T_4, T_3
後腎 90, 90f, 91, 159f
後腎間葉組織 91
後生動物 185, 186, 186f,
　187, 188, 189, 218
抗利尿ホルモン 31
コード鎖 8f, 9

黒色素細胞 108, 157
黒色素細胞刺激ホルモン
　129　→ MSH
黒色素胞 131
骨格筋 75, 76f, 163
骨芽細胞 164, 170, 171
骨吸収 172, 173
骨形成タンパク質 156
　→ BMP
コドン 9, 11
コペプチン 30f, 31
コルチコステロン 57,
　148f, 150, 160
コルチゾル 57, 148f, 149f,
　150,
コルチゾン 57
コレシストキニン 51, 52
　→ CCK
コレステロール 56, 147,
　148f, 149f, 197
コロイド 143, 144f, 145,
　147
昆虫 103, 104, 189, 190,
　191, 194, 195, 197, 199,
　200f, 201, 202, 203, 204,
　206

さ

鰓芽 174
鰓弓 165, 168, 174, 175,
　176
鰓後腺 167, 167f, 169
サイトカイン 133, 171,
　197, 205, 209f, 210, 215,
　216, 217, 218
鰓嚢 146, 146f, 167
サイレント突然変異 11
サイロスティムリン 138,
　140, 140f, 141, 142
索状層 147, 148, 149f, 155f
サザーランド 54, 62
サンガー 24
サンガクハタネズミ 35,
　36, 36f, 37, 37f, 38f

散在神経系 188
産卵 42, 87, 94, 96

し

糸球 90, 90f
子宮収縮 21, 21f
糸球体 90, 90f, 91, 92f, 93,
　95, 98
軸索側枝 38, 39, 40, 42, 83
軸索末端 26, 27, 28, 39,
　77, 110, 114, 199
シグナル伝達 30, 40, 51,
　63, 64, 133, 140, 182, 186,
　187, 189, 202, 203, 203f,
　205, 206, 213, 214f, 215,
　217f, 219
シグナル伝達分子 182,
資源量 4, 15,
視索上核 26, 27f, 39, 41,
　216
視索前核 41, 41f, 83, 84,
　94
脂質動員ホルモン 205, 206f
視床下部 26, 27f, 28, 35,
　39, 40, 41f, 59t, 60f, 77,
　78, 79f, 83, 108, 110, 111f,
　112, 113, 114, 115, 116,
　118, 119, 120, 122, 125,
　127, 128f, 141, 161, 162,
　173, 179, 181, 216
視床下部−下垂体−甲状腺
　軸 79
視床下部−下垂体−生殖腺
　軸 79, 79f, 110
視床下部−下垂体−副腎軸
　79
耳小骨 157, 163
思春期 110, 112, 161, 204
自然選択 4, 5, 6, 6f, 12f,
　15, 16, 100, 127, 142, 183,
　194
室傍核 26, 27f, 39, 41, 41f,
　120, 121, 216
自発的電位変化 83

索　引

脂肪組織　59t, 75, 112, 204
脂肪体　204, 205, 206, 207f
刺胞動物　186f, 187, 189
集合管　31, 85, 86, 91, 93, 96, 97, 98, 99f, 100
終止コドン　9, 11, 194
絨毛性生殖腺刺激ホルモン　135, 136f　→CG
樹状突起　39, 40, 42, 43f, 77f, 84, 158
種の起源　4, 5
受容体　28, 29, 30, 31, 37, 38, 39, 40, 42, 43, 51, 52, 53, 54, 54f, 57, 58, 61, 63, 66, 68, 71, 74, 78, 79, 80, 100, 101, 107, 112, 139, 141, 163, 187, 210
　細胞内の　57, 58f, 71, 72f, 74
　細胞膜の　57, 58f, 61, 65f, 64f, 68f, 75f, 76f
受容体(型)チロシンキナーゼ　74, 133, 196, 202, 203
春期発動期　110　→思春期
消化管ホルモン　59t, 216
上顎隆起　166, 166f, 167f
上行脚　95, 97, 164
ショウジョウバエ　139, 139f, 181, 186f, 187, 188f, 189, 194, 196, 199, 202, 205, 206
上皮小体　163
触媒サブユニット　66, 67f, 68, 69
人為選択　4, 5, 6, 6f, 195, 206
進化　1, 3, 4, 6, 7, 11, 12, 12f, 13, 14, 15, 16, 42, 43, 80, 82, 83, 85, 88, 90, 92, 94, 98, 99, 100, 102, 105, 112, 114, 118, 119, 123, 127, 131, 133, 134, 139, 141, 142, 143, 147, 149, 150, 161, 164, 167, 176, 181, 183, 185, 187, 189, 210, 217, 218, 219
進化の原動力　7, 11
腎管　88, 89f, 89, 90, 91, 93, 104
ジンクフィンガー　71, 72
ジンクフィンガーモチーフ　73f, 198, 199, 200
神経冠細胞　154, 155, 157, 163, 164, 165, 166, 166f, 168, 177, 178
神経伝達物質　22, 40, 42, 53, 85, 94, 118, 120, 127, 11, 154, 209f, 210, 216, 217, 218
神経板　166f, 168, 177, 178
神経分泌　26, 210
神経分泌細胞　26, 28, 123, 197
神経分泌ニューロン　78, 128f, 190, 190f, 196, 197, 199, 201, 207f, 216
腎口　88, 89f, 90, 90f, 91
腎生殖隆起　154
心臓　54, 59t, 95, 107, 109, 167, 173, 174f, 182, 202
心臓の形態　98
浸透圧調節作用　31, 96
心房性ナトリウム利尿ペプチド　98　→ANP
信頼ゲーム　19, 32, 33f, 34f, 35
信頼ホルモン　32, 35

す

膵液の分泌　47, 50, 66
髄質コーン　95, 96, 99f
スターリング　21, 46, 47, 48, 49f, 50, 52, 61
ステロイド骨格　56, 191
ステロイドホルモン　56, 57, 71, 72, 74, 112, 137, 150, 164, 191, 215
ステロイドホルモンの生合成　147, 158
ストレス応答　122, 130
スリット膜　89, 91, 92, 92f, 104

せ

精子形成　137, 213
生殖腺刺激ホルモン　110, 111f, 113, 114, 118, 137, 138, 140, 141, 142, 161, 163, 211　→FSH, LH
生殖腺刺激ホルモン産生細胞　78, 111f, 114, 118, 136, 161, 180f, 211, 214
生殖腺刺激ホルモン放出ホルモン　70, 106, 119t　→GnRH
生殖腺刺激ホルモン放出抑制ホルモン　108　→GnIH
性ステロイドホルモン　55, 56, 110, 137, 161
精巣(の)間細胞　78, 136　→ライディッヒ細胞
成虫原基　195, 204
成虫脱皮　191, 201, 206
成虫への脱皮　199
正中隆起　111f, 114, 115, 116, 120, 121, 124, 125, 126, 127, 128f, 141f, 142, 177f
成長促進
　昆虫の　204
　長骨の　131, 195
　濾胞の　137
成長と繁殖
　昆虫の　204, 205
　ヒトの　112
成長ホルモン　59t, 74, 125, 128t, 131, 132, 132f, 133, 134, 146, 179f, 195　→ソマトトロピン, GH
成長ホルモン放出ホルモン

119t, 124 →GHRH
生物検定 191, 192
生物の進化 4, 12 →進化
生理的な現象の切り替え 146
セカンドメッセンジャー 40, 51, 55, 63, 63f, 64, 65f, 66, 68, 69, 70, 74, 86, 98, 119, 124, 144, 163
脊椎動物の血圧 95, 95f
セクレチン 21, 46, 47, 50, 51, 51f, 52, 52f, 58, 59t, 61, 66, 78, 105, 106, 124, 125, 150, 216, 217, 219
セクレチンファミリー 52, 124
節後ニューロン 53, 54, 154, 158
節足動物 183, 186, 189, 191, 206
接着タンパク質 100, 156, 162, 187, 218
セルトリ細胞 136, 211
線維芽細胞増殖因子 178 →FGF
前胸腺 190, 190f, 191, 195, 196, 197, 198, 204, 206, 207f
前胸腺刺激ホルモン 190, 190f, 192, 207f →PTTH
カイコの 192
前腎 90, 90f, 91, 99
センチュウ 102f, 139, 186f, 187, 188f, 203

そ

相同 3, 147, 167, 174, 175, 194
増幅 68, 142
　一段目の 62
　二段目の 63
相補性 8
ソウバジン 122, 122f
側坐核 38, 38f, 39

側心体 190, 190f, 197, 206, 207f
ソマトスタチン 59t, 119t, 123, 125, 126
ソマトトロピン 131 →成長ホルモン, GH
ソマトトロピン－プロラクチンファミリー 127, 131,
ソマトメジン 131, 194

た

ダーウィン 3, 4, 5, 6, 16, 150
第三脳室 41, 41f, 42, 42f, 43f, 83, 141f
ダイノルフィン 111f, 112
胎盤 14, 42, 59t, 94, 97, 98, 109, 118, 131, 135
胎盤性ラクトゲン 131, 134 →PL
ダウンレギュレーション 112
高峰譲吉 52
多細胞生物 136, 185, 186, 187, 210
脱皮 189, 190, 190f, 191, 193, 195, 198, 200, 200f, 201, 205
脱ヨード酵素 145
単婚 36, 39
タンパク質 4, 7, 9, 11, 12f, 16, 28, 52, 57, 74, 92, 97, 127, 131, 161, 182, 186, 188f, 189
タンパク質ファミリー 61, 64

ち

地質年代 17
中軸骨格 164
中腎 90, 90f, 91, 155f, 159f
中腎管 90f, 91
中腎導管 90, 90f

調節サブユニット 66, 67, 67f, 68
チロキシン 19, 57, 59t, 71, 136, 143f →T_4
チロキシン結合グロブリン 145
チログロブリン 144, 144f, 145
チロシンキナーゼ 75, 75f, 133, 197

つ

ツールキット遺伝子 182, 183, 189, 218
番いの絆の強さ 36

て

デール 20, 21, 22, 46, 48, 49f
テストステロン 19, 56, 56f, 59t, 77f, 79, 79f, 112, 136, 137, 148f
デュ・ヴィニョー 22, 23, 24, 25, 30
転写 9, 30, 32f, 69, 71, 74, 105, 113, 114, 120, 121, 122, 124, 129, 135, 144, 158, 170, 171f, 172, 189, 194, 195, 197, 198, 200, 201, 204, 211, 215
転写調節 71, 133, 134, 135, 150, 173, 199, 203
転写調節因子 69, 71, 179, 180, 182, 187, 191, 200, 201, 203, 204, 213, 215, 216
点鼻 19, 34, 35

と

同期 39, 83, 84f
淘汰圧 16, 134, 142, 219
頭部集中化 164
動物実験 48, 50
頭部プラコード 176, 177,

索引

178, 178f
突然変異 4, 7, 11, 12f, 15, 105, 110, 205, 219
　　サイレント突然変異 11
　　フレームシフト突然変異 11
　　ナンセンス突然変異 11
　　ミスセンス突然変異 11
ドーパミン 53, 53f, 126, 156, 157, 157f
トランスフォーミング増殖因子 136 →TGF
トランスポゾン 12f, 13, 14, 15, 188
トリヨードチロニン 59t, 71, 136, 143f, 144f, 145 →T_3
トレハロース 206

な

内柱 146, 146f, 147
内分泌 1, 46, 209f, 217, 217f
内分泌器官 46, 58, 59t, 60f, 127, 142, 167, 175, 190, 217
ナトリウムイオン 85, 93, 149, 150, 175
ナトリウムイオン輸送体 86
ナメクジウオ 42f, 89, 102f, 139, 139f, 141, 146, 146f, 167, 169f, 181, 186f, 188f
ナンセンス突然変異 11

に

乳汁 19, 22, 28, 66, 98, 132, 173
乳腺 28, 29, 35, 66, 98, 132, 173

ニューロキニン B 111f, 112
ニューロフィジン 25, 26, 26f, 27, 27f, 28, 30, 30f, 103
ニューロペプチド 103, 105, 107, 118, 123, 127, 142, 173, 188, 195, 201, 206, 210
尿管芽 91
尿酸 88, 94, 95, 96, 98, 189
尿素 88, 94, 97, 98, 99f
尿素トランスポーター 97, 98
尿素リサイクリング 97
妊娠を維持 132

ぬ・ね

ヌタウナギ 82, 82f, 83, 90, 95f, 107f, 137f, 138, 141, 169f, 181
ネガティブ（負の）フィードバック 79, 110, 111, 126, 173, 213f
熱ショックタンパク質 72
ネフリン 91, 92, 92f, 93, 104
ネフロン 89, 91, 94, 95, 96, 97, 98, 99f, 100

の

脳室周囲核前（腹側部） 110, 125
ノルアドレナリン 53, 53f, 59t, 78, 155, 156, 157f

は

胚性幹細胞 180
排卵 113, 137
破骨細胞 164, 169, 172
バソトシン 40, 81f, 82, 82f, 83, 85, 86, 88, 93, 94, 96, 97, 99f, 102, 102f
バソトシン受容体 86, 87, 104
バソトシン（産生）ニューロン 83, 84f, 85, 94
バソプレシン 25, 30, 30f, 31, 32f, 38, 39, 40, 59t, 70, 80, 81f, 82 f , 83, 85, 96, 97, 98, 99f, 104, 105, 216, 219
バソプレシン／オキシトシン同類ペプチド 103
バソプレシン受容体 31, 100, 100t, 101
ハチェック窩 181
麦角 20, 20f, 21
鼻プラコード 162, 162f, 163, 176, 178, 178f
パブロフ 47
速い神経伝達 40, 210
パラトルモン 59t, 164 →副甲状腺ホルモン，PTH
パリンドローム 74
パルス状分泌 111, 112
繁殖行動 36, 85

ひ

比較解剖学 3
比較形態学 4
比較生化学 4
比較内分泌学 1, 4, 40, 210, 219
ビッグデータの解析 119, 218
尾部下垂体 123, 125
ヒポクラテス 2
ヒポクラテスの誓い 2
標的細胞 57, 58f, 145, 150, 200f, 205, 214
表皮の硬化 206

ふ

ファブリカ 2
フォリスタチン 213f, 214, 215

索 引

副甲状腺　59t, 60f, 163, 164, 165, 165f, 166, 167, 167f, 171, 172, 174, 175
副甲状腺ホルモン　164, 165f, 172f　→パラトルモン, PTH
副甲状腺ホルモン関連タンパク質　172, 172f　→PTHrH
副腎　46, 52, 59t, 60f, 149f, 154, 155, 158, 159f
　髄質　48, 53, 78, 149f, 154, 155f, 157, 157f, 159f, 165
　皮質　46, 130, 142, 147, 149, 149f, 150, 154, 155f, 158, 159f
副腎の発生　154, 155f
副腎皮質刺激ホルモン　121, 128t　→ACTH
副腎皮質刺激ホルモン放出ホルモン　121　→CRH
ブテナント　56
負のフィードバック　79, 110, 111, 126, 173, 213
ブラウン・セカール　55
ブラウン・ドッグ事件　49
プルテウス幼生　168
フレームシフト突然変異　11
プレーリーハタネズミ　35, 36, 36f, 37, 37f, 38, 38f, 39
プレプラコード領域　178
プロオピオメラノコルチン　129　→POMC
プロゲステロン　56, 59t, 112, 132, 137, 148f
プロテインキナーゼA　66, 67, 68f, 70　→PKA
プロテインキナーゼB　75　→PKB
プロテインキナーゼC　70, 70f　→PKC

プロモーター　9, 74, 86, 200, 201
プロラクチン　59t, 74, 115, 126, 127, 128t, 131, 132, 132f, 134, 179f, 180f
分岐図　16f, 17, 101, 101f, 186f, 219　→系統樹
分子進化　11, 12, 12f, 82, 219
分泌　1, 26, 27f, 28, 28f, 42, 46, 48, 57, 119f, 142
　FSHの　211, 212f
　GnRHの　110
　LHの　111
　T_4, T_3の　143, 144f
　アドレナリンの　78, 156
　インスリンの　78
　オキシトシンの　28, 76
　セクレチンの　78
　プロラクチンの　126
　ホルモンの　48, 76, 77f, 78, 126, 127
　膵液の　47, 51
分泌顆粒　26, 27, 28

へ

平滑筋　19, 20, 28, 29, 30, 42, 54, 66, 69, 70, 87, 96, 98, 100t
ベイリス　21, 46, 47, 48, 49f, 50
ペプチド　22, 28, 34, 50, 52, 57, 58f, 80, 81f, 102, 106f, 120, 123, 127, 195, 197
ベルトールド　55
変態　93, 132, 146, 147, 189, 190f, 191, 195, 196, 199, 205
扁桃体　35, 38, 38f, 39, 122
ヘンレのループ　94, 95, 164

ほ

膀胱　93, 96
傍分泌　156, 158, 173, 179, 180, 196, 213, 213f, 216, 217f, 218
傍分泌性シグナル分子の濃度勾配　179
傍分泌性のシグナル分子　182, 187
傍濾胞細胞　59t, 163, 164, 165, 167, 167f, 169, 170, 171f
ボーマン嚢　91, 92, 92f, 93, 95, 97
ポジティブフィードバック　111
ホスホリパーゼC　65, 65f, 70, 70f　→PLC
炎（焔）細胞　88, 89f
ホメオスタシス　164, 165f, 210,
ホメオティック遺伝子　168
ホメオボックスタンパク質　182
ホヤ　117f, 118, 139, 141, 146, 159f, 186f
ホルモン　1, 16, 19, 21, 26, 28, 40, 46, 47, 48, 52, 55, 57, 58t, 58f, 59t, 61, 68, 71, 74, 76, 77f, 78, 80, 119t, 128t, 134t, 154, 185, 209
ホルモン応答エレメント　71　→HRE
ボンビキシン　192, 192f, 194, 195, 206
翻訳　9, 11, 30, 50, 50f, 105, 113, 115, 116, 120, 122, 124, 129, 135, 144, 169, 171f, 211

ま

膜性骨　163
膜タンパク質受容体　58t, 61, 74
マグノリシン　105
マルピーギ管　103, 103t

み

ミオサプレッシン　197, 198f, 207f
ミオシン　43, 70
ミオシン軽鎖キナーゼ　69
ミスセンス突然変異　11
ミネラルコルチコイド　57, 148, 148f, 149, 160, 161

む

無顎類　32, 41, 42f, 82, 83, 90, 90f, 138, 141, 168
無臭症　161
無脊椎動物　3, 88, 89, 102, 102t, 103, 103t, 107, 118, 123, 134, 139, 146, 185, 186f, 195, 210

め

迷走神経　47
メソトシン産生ニューロン　83, 94
メタスチン　107, 108, 109, 110

メラトニン　59t, 114
メラノコルチン受容体　130, 130t
メンデル　4, 12

も

網状層　147, 149f, 155f
モータータンパク質　43

や・ゆ

ヤツメウナギ　82, 90, 95f, 107f, 117f, 137f, 141, 141f, 142, 146, 147, 167, 168, 169f, 181
輸出細動脈　92f, 96
輸精管　91

よ

幼若ホルモン　190, 190f, 198, 207f　→ JH
ヨウ素イオン　144f, 145
ヨウ素原子　136, 143, 146, 147
幼虫（の）脱皮　191, 199, 200f, 201
羊膜類　41, 42, 90, 94, 97

ら

ライディッヒ細胞　59t, 78, 136, 150
ラトケ嚢　176, 177f, 179, 179f, 180, 181,
ラマルク　3, 182

卵管を収縮　42, 96
卵巣　59t, 60f, 87, 96, 111f, 118, 128t, 132, 137, 150, 195, 207f, 211, 213, 213f, 214
　の濾胞　137, 140, 140f
　濾胞液　211

り

リガンド結合ドメイン　71, 72f
陸上への進出（移行，上がる）　87, 161, 164
リポトロピン　59t, 129, 131

れ

レーヴィ　22
レニン－アンギオテンシン－アルドステロン系　98
レプチン　59t, 79, 79f, 112, 204, 205

ろ

濾胞　147
　甲状腺の　143, 144f, 163
　卵巣の　128t, 137, 140, 140f, 211, 213, 213f, 215
濾胞刺激ホルモン　128t, 134　→ FSH

謝　辞

　本巻を刊行するにあたり，以下の方々，もしくは団体にたいへんお世話になった．謹んでお礼を申し上げる（敬称略）．

写真・図版提供
Thomas R. Insel，新井康允，浦野明央，松本 明，講談社（2章）

著者略歴

和田 勝(わだ まさる)　1944年 東京都に生まれる．1974年 東京大学 大学院理学系研究科 博士課程修了．理学博士．大学院修了後，日本学術振興会奨励研究員を経てワシントン大学 動物学部リサーチ・アソシエイト，1975年より東京医科歯科大学 医用器材研究所 助手を経て同大学 教養部 助教授，教授を務め，2010年退職．現在，東京医科歯科大学 名誉教授．専門は比較内分泌学．

ホルモンから見た生命現象と進化シリーズ Ⅰ
比較内分泌学入門 ― 序 ―

2017年 4 月 20日　第 1 版 1 刷発行

検印省略	著　者	和　田　　　勝
	発行者	吉　野　和　浩
定価はカバーに表示してあります．	発行所	東京都千代田区四番町 8-1 電　話　03-3262-9166（代） 郵便番号 102-0081 株式会社　裳　華　房
	印刷所	株式会社　真　興　社
	製本所	牧製本印刷株式会社

社団法人
自然科学書協会会員

JCOPY 〈(社)出版者著作権管理機構 委託出版物〉
本書の無断複写は著作権法上での例外を除き禁じられています．複写される場合は，そのつど事前に，(社)出版者著作権管理機構（電話03-3513-6969，FAX 03-3513-6979，e-mail: info@jcopy.or.jp）の許諾を得てください．

ISBN 978-4-7853-5114-4

ⓒ 和田　勝，2017　Printed in Japan

☆ ホルモンから見た生命現象と進化シリーズ ☆

＜日本比較内分泌学会 編集委員会＞
高橋明義(委員長)，小林牧人(副委員長)，天野勝文，安東宏徳，海谷啓之，水澤寛太

内分泌が関わる面白い生命現象を，進化の視点を交えて，第一線で活躍している研究者が初学者向けに解説します(全7巻).　　各A5判／150〜280頁

Ⅰ 比較内分泌学入門 −序−　　　　　　　　和田　勝 著　定価（本体2500円＋税）
Ⅱ 発生・変態・リズム −時− 天野勝文・田川正朋 共編　定価（本体2500円＋税）
Ⅲ 成長・成熟・性決定 −継− 伊藤道彦・高橋明義 共編　定価（本体2400円＋税）
Ⅳ 求愛・性行動と脳の性分化 −愛−
　　　　　　　　　　小林牧人・小澤一史・棟方有宗 共編　定価（本体2100円＋税）
Ⅴ ホメオスタシスと適応 −恒− 海谷啓之・内山　実 共編　定価（本体2600円＋税）
Ⅵ 回遊・渡り −巡−　　　　　安東宏徳・浦野明央 共編　定価（本体2300円＋税）
Ⅶ 生体防御・社会性 −守−　　　水澤寛太・矢田　崇 共編　定価（本体2900円＋税）

☆ 新・生命科学シリーズ ☆

幅広い生命科学を，従来の枠組みにとらわれず，新しい視点で切り取り，基礎から解説します．

動物の系統分類と進化　　　　　　　　藤田敏彦 著　定価（本体2500円＋税）
動物の発生と分化　　　　　　浅島　誠・駒崎伸二 共著　定価（本体2300円＋税）
ゼブラフィッシュの発生遺伝学　　　　　弥益　恭 著　定価（本体2600円＋税）
動物の形態 −進化と発生−　　　　　　八杉貞雄 著　定価（本体2200円＋税）
動物の性　　　　　　　　　　　　　　守　隆夫 著　定価（本体2100円＋税）
動物行動の分子生物学　　　　　　久保健雄 他共著　定価（本体2400円＋税）
動物の生態 −脊椎動物の進化生態を中心に−　松本忠夫 著　定価（本体2400円＋税）
植物の系統と進化　　　　　　　　　　伊藤元己 著　定価（本体2400円＋税）
植物の成長　　　　　　　　　　　　　西谷和彦 著　定価（本体2500円＋税）
植物の生態 −生理機能を中心に−　　　　寺島一郎 著　定価（本体2800円＋税）
脳 −分子・遺伝子・生理− 石浦章一・笹川　昇・二井勇人 共著　定価（本体2000円＋税）
遺伝子操作の基本原理　　　　　赤坂甲治・大山義彦 共著　定価（本体2600円＋税）
エピジェネティクス　　　　　　　大山　隆・東中川　徹 共著　定価（本体2700円＋税）

裳華房ホームページ　http://www.shokabo.co.jp/　　2017年4月現在